Frank Barthel
Ultraschnelle Röntgencomputertomografie für
die Untersuchung von Zweiphasenströmungen

TUDpress

Frank Barthel

Ultraschnelle Röntgencomputertomografie für die Untersuchung von Zweiphasenströmungen

TUDpress

2016

Die vorliegende Arbeit wurde am 30. Juli 2015 an der Fakultät Elektrotechnik und Informationstechnik der Technischen Universität Dresden als Dissertation eingereicht und am 22. Januar 2016 verteidigt.

Vorsitzender:
Prof. Dr.-Ing. habil. Hagen Malberg

Gutachter:
Prof. Dr.-Ing. habil. Uwe Hampel
Prof. Dr.-Ing. habil. Olfa Kanoun

Bibliografische Information der Deutschen Nationalbibliothek
Die Deutsche Nationalbibliothek verzeichnet diese Publikation in der Deutschen Nationalbibliografie; detaillierte bibliografische Daten sind im Internet über http://dnb.d-nb.de abrufbar.

Bibliographic information published by the Deutsche Nationalbibliothek
The Deutsche Nationalbibliothek lists this publication in the Deutsche Nationalbibliografie; detailed bibliographic data are available in the Internet at http://dnb.d-nb.de.

ISBN 978-3-95908-044-6

© 2016 w.e.b. Universitätsverlag & Buchhandel
Eckhard Richter & Co. OHG
Bergstr. 70 | D-01069 Dresden
Tel.: 0351/47 96 97 20 | Fax: 0351/47 96 08 19
http://www.tudpress.de

TUDpress ist ein Imprint von w. e. b.

Technische Universität Dresden

Ultraschnelle Röntgencomputertomografie für die Untersuchung von Zweiphasenströmungen

Frank Barthel

von der Fakultät Elektrotechnik und Informationstechnik der Technischen Universität Dresden

zur Erlangung des akademischen Grades

Doktoringenieur
(Dr.-Ing.)

genehmigte Dissertation

Vorsitzender: Prof. Dr.-Ing. habil. Hagen Malberg
Gutachter: Prof. Dr.-Ing. habil. Uwe Hampel   Tag der Einreichung: 30.07.2015
               Prof. Dr.-Ing. habil. Olfa Kanoun   Tag der Verteidigung: 22.01.2016

Vorwort

Im Rahmen der vorliegenden Arbeit wurde ein neuartiges, berührungsloses bildgebendes Messverfahren für Zwei- bzw. Mehrphasenströmungen entwickelt. Mit der ultraschnellen Elektronenstrahl-Röntgencomputertomografie ist es erstmals möglich, die innere Struktur von Mehrphasenströmungen bildgebend, nichtinvasiv mit hoher räumlicher und zeitlicher Auflösung zu erfassen.

Zunächst wird in Kapitel 1 auf die Bedeutung von Mehrphasenströmungen in Industrie und Forschung sowie auf die Probleme der messtechnischen Erfassung verschiedener Strömungsparameter eingegangen. Dann werden bisher genutzte Mess- und Bildgebungstechniken diskutiert. Hieraus wird die Notwendigkeit der Entwicklung des neuartigen Bildgebungsverfahrens abgeleitet.

In Kapitel 2 werden physikalische und technische Grundlagen zu den drei Teilgebieten der Bildgebung - Röntgenstrahlung, Computertomografie und Elektronenstrahlen - behandelt. Dabei beschränkt sich der Autor auf ausgewählte Betrachtungen, die für die Entwicklung des Tomografieverfahrens wesentlich sind.

Kapitel 3 erläutert das technische Konzept des ultraschnellen Elektronenstrahl-Röntgentomografen und stellt die wesentlichen Komponenten des im Rahmen der Promotion entwickelten und aufgebauten Prototyps ROFEX vor. Es werden wichtige Leistungsparameter und Untersuchungen zur Abbildungsgüte diskutiert. Das Kapitel schließt mit Ausführungen zur Zweiebenentomografie zur Bestimmung von Geschwindigkeiten in der dispersen Phase von Zweiphasenströmungen.

In Kapitel 4 wird anhand von drei ausgewählten Anwendungen das Potenzial des neuen Bildgebungsverfahrens aufgezeigt.

Die Arbeit schließt mit einer Zusammenfassung, einem Ausblick auf eine axialversatzfreie CT sowie einer Aufstellung der im Rahmen dieser Promotion eingereichten Publikationen und Patente ab.

Inhaltsverzeichnis

6

Abstract

Multiphase flows can be found in many areas of industry. They play an important role for mass transfer and conversion of energy in many types of chemical reactors, in power plants and heat exchangers. From the shape and dynamics of the flow, conclusions about efficiency, intensity and security of the process can be drawn. In addition, flow processes can be specifically influenced with accurate knowledge of the physical relations. Long-term goal of the research in this field is the mathematical description and numerical simulation of multiphase flows using CFD codes to do precise predictions for the flow behavior in industrial plants, even at the stage of design.

The possibilities of gathering information from multiphase flows are so far very limited. Established measurement techniques are restricted either to capture single parameters locally, or acquire integral parameters averaged in space and time. The requirements of CFD for high spatial and temporal resolved phase distribution information or bubble size distributions in dispersed gas water flows can be satisfied by a few invasive or optical measuring techniques, only. While latter often fail on the accessibility to the flow.

X-ray tomography systems have in principle the ability to image the internal structure of objects at high spatial resolution. Though, they do not reach the required high temporal resolution for multiphase flow investigations.

Therefore, in this work a novel imaging method has been developed which can capture and visualize flow structures in high-resolution, both in time and space. For this purpose a free electron beam is utilized and electromagnetically deflected to produce a traveling X-ray focal spot at a metal target in form of a circular segment. The resulting X-ray focal spot rotates around the object placed in the center of the target. X-rays penetrating the object are attenuated and measured by a fast ring detector. During one revolution of the X-ray focal spot around the object a data set of projections of the object is acquired. From the projection data a non-superimposed cross-sectional image of the object structure is reconstructed. The newly developed X-ray scanner ROFEX achieves frame rates up to 8000 frames per second. The spatial resolution depends on the absolute attenuation as well as attenuation distribution of the object, the differences in density of the phases to be observed and the frame rate. Spatial resolution reaches a maximum of one mm at 1000 frames per second and a SNR of 14 dB. Deviations in the linearity of the reconstructed attenuation values are less than 5%.

The ROFEX scanner has been used in various applications. Three of them are presented in this work, exemplarily. For example the flow evolution in air-water upward and downward flow situations in a vertical test section of the TOPFLOW test facility has been studied. The temporal and spatial liquid distribution in a separation column has been examined in high resolution. And furthermore, the steam-water flow in the sub-channel of a fuel assembly was measured and visualized highly dynamically. Finally, the ROFEX principle has been expanded towards a two-plane-tomography system using two target tracks and detector rings. Thus, velocities of the dispersed phase are calculated from the X-ray images of gas-liquid and gas-solid-particle flows by means of cross-correlation algorithm.

Abkürzungsverzeichnis

ADC	Analogue to Digital Converter
APD	Avalanche Photo-Diode
bit	binary digit, binäre Masseinheit für Datenmenge
BMWi	Bundesministerium für Wirtschaft und Energie
CdTe	Cadmium Tellurit
CdZnTe, CZT	Cadmium Zink Tellurit
CCE	Charge Collection Efficiency
CFD	Computational Fluid Dynamics
CAD	Computer Aided Design
CT	Computertomografie
DQE	Detective Quantum Efficiency
3D	dreidimensional
FEM	Finite-Elemente-Methode
fps	frames per second
GCT	Gammastrahlen-Computertomografie
GB	Gigabyte, Masseinheit für Datenmenge
KKF	Kreuzkorrelationsfunktion
LDA	Laser-Doppler-Anemometrie
LYSO	Lutetium-Ytrium-Orthosilicat
MRT	Magnetresonanztomografie
MTF	modulation transfer function
MCA	Multi-Channel Analyser
DN	Nenndurchmesser
PIV	Particle Image Velocimetry
PDPA	Phasen-Doppler-Partikel-Anemometrie
PMMA	Polymethylmethacrylat
PSF	Point Spread Function (Punktabbildungsfunktion)
PET	Positronenemissionstomografie
RPV	Radioaktive-Partikel-Verfolgung
RAM	Random Access Memory
RCT	Röntgen-Computertomografie
SNR	Signal to Noise Ratio
SPECT	Single Photon Emissions Computed Tomography
TOPFLOW	Transient Two Phase Flow Test Facility
4D	vierdimensional
2D	zweidimensional

Verzeichnis der Formelzeichen und Einheiten

Θ	Ablenkwinkel	°
P_A	absorbierte Leistung	W
$P_A(z)$	absorbierte Leistung, tiefenabhängig	W
η_A	Absorptionskoeffizient für Röntgenstrahlung	-
N_t	Abtastschritt	s^{-1}
$\Psi_{A,B}$	Ähnlichkeit	-
I_0	Anfangsintensität	W/sr
P_0	Anfangs-Leistung	W
α	Apertur	-
α	Auftreffwinkel des Elektronenstrahls	°
W_A	Auslösearbeit	eV
U_B	Beschleunigungsspannung	kV
v_s	Bewegungsgeschwindigkeit des Elektronenstrahls	m/s
BR	Bildrate	s^{-1}
σ	Wirkungsquerschnitt	Barn
Δs	Bogenlänge	mm
k_B	Boltzmannkonstante, ($k_B = 1{,}3806488 \cdot 10^{-23}$)	J/K
d_B	Brennfleckdurchmesser	mm
r_{BF}	Brennfleckradius	mm
T_R	Brennringtemperatur	°C
ρ	Dichte	$g \cdot cm^{-3}$
S	Eindringtiefe	µm
I	elektrischer Strom	A
e	Elementarladung, Konstante (e$=1{,}602176565 \cdot 10^{-19}$)	C
j_B	Emissionsstromdichte	A/cm^2
E	Energie	J
E_{Kin}	kinetische Energie	J
n	Exponent	-
φ	Fächerwinkel	°
I_F	Fotostrom	µA
f	Frequenz	Hz
K, G	Geometriefaktoren	-
v	Geschwindigkeit	m/s
v_{grenz}	Grenzgeschwindigkeit	m/s
L	Induktivität	H
I	Intensität	W/sr
I_θ	Intensität bei Drehwinkelposition θ	W/sr
d_K	Kathodendurchmesser	mm
Z	Kernladungszahl	-
π	Konstante, (Pi$=3{,}141528$)	-
s_i, s, t	Koordinaten	-
x, y	Koordinaten	mm
y_Q, x_Q	Koordinaten der Röntgenquelle	mm
y_D, x_D	Koordinaten des Detektors	mm
L	Kristalllänge	mm

Q	Ladung	C
τ	Ladungsträgerlebensdauer	ns
μ	Ladungsträgermobilität	cm^2/Vs
P	Leistung	W
c	Lichtgeschwindigkeit, Konstante (c=299792458)	m/s
μ	linearer Schwächungskoeffizient	cm^{-1}
F_L	Lorentz-Kraft	N
B	magnetische Flussdichte	T
Φ	magnetischer Fluss	Wb
μ/ρ	Massenschwächungskoeffizient	cm^2/g
m	Mittelwert	-
λ_e	mittlere Driftlänge der Elektronen	m
λ_h	mittlere Driftlänge der Löcher	m
$\vec{n_B}$	Normale der Bildebene	-
$\vec{n_T}$	Normale der Targetebene	-
N_{Det}	Nummer des Detektorpixels	-
d_{obj}	Objektdurchmesser	mm
p	Perveanz	$A \cdot V^{-\frac{3}{2}}$
n	Photonenanzahl (energieabhängig)	-
Ψ	Photonenfluss	s^{-1}
h	Plancksches Wirkungsquantum, Konstante (h=6,626069)	Js
p	Projektion	-
r	Radius	mm
je_Q	raumladungsbegrenzte Sättigungsstromdichte	A/cm^2
R	Richtstrahlwert	$A \cdot cm^{-2} \cdot sr^{-1}$
f	Rotationsfrequenz des Brennflecks	s^{-1}
η_R	Rückstreukoeffizient für Röntgenstrahlung	-
$\mu(x,y)$	Schwächungskoeffizientenverteilung	cm^{-1}
$\varphi_{1,2}$	Sektorwinkel der Spulenwicklung	°
U_{Sperr}	Sperrspannung	kV
l	Spulenwickellänge	m
r_w	Spulenwickelradius	mm
$\sigma_{i,j}$	Standardabweichung	-
k	Stoffkennwert	-
I_B	Strahlstrom	mA
T	Temperatur	°C
je_T	temperaturbestimmte Sättigungsstromdichte	A/cm^2
ΔT	Temperaturhub	K
z	Tiefe	µm
η_T	Transmissionskoeffizient für Röntgenstrahlung	-
V	Volumen	m^3
λ	Wärmeleitfähigkeit	$W \cdot m^{-1} \cdot K^{-1}$
U_S	Wehneltspannung	kV
λ	Wellenlänge	nm
N	Wicklungszahl	-
$\Delta\Theta$	Winkelschritt	°
N_P	Winkelschritt, Projektionsschritt	°
$\eta_{Rö}$	Wirkungsgrad der Röntgenstrahlungserzeugung	-
t	Zeit	s
τ	Zeitkonstante	ms

Indizes

ABS	absolut
0	Anfangs- oder Startwert
Elek	Elektron
Loch	Defektelektron
B	Bildebene
T	Targetebene
PA	Photoabsorption
C	Comptonstreuung
Ph	bezogen auf das Photon
A	Bildebene 0
B	Bildebene 1
dark	Dunkelwert
grenz	Grenzwert
1, 2	Index
kin	kinetisch
i, m, n	Laufindex
max	Maximalwert
min	Minimalwert
oG	Obere Grenze
ref	Referenzwert
data	Messwert

Abbildungsverzeichnis

13

14

Kapitel 1

Einleitung

1.1 Mehrphasenströmungen

Mehrphasenströmungen sind in vielen Bereichen von Industrie und Forschung anzutreffen. Sie dienen dem Stoff- und Energietransport. Eine Mehrphasenströmung ist die Strömung eines Gemisches nicht mischbarer Komponenten aus Gasen, Flüssigkeiten oder Feststoffen. Eine Phase ist definiert als Gesamtheit von Teilchen gleicher physikalischer Eigenschaften. Phasen bilden untereinander Grenzflächen aus, über die ein Stoff- oder Energietransport möglich ist. Mehrphasenströmungen können nach ihrer Erscheinungsform unterschieden werden in [1]:

-	disperse Mehrphasenströmung,

-	diskontinuierliche Mehrphasenströmung,

-	separierte Mehrphasenströmung.

Eine disperse Mehrphasenströmung ist durch eine dominierende kontinuierliche Phase und einen geringen Volumenanteil einer zweiten, dispersen Phase gekennzeichnet. Das können z. B. wenige Feststoffpartikel in einem kontinuierlichen Gasstrom oder auch Gasblasen in einer Flüssigkeit sein.

Eine separierte Mehrphasenströmung besteht aus zwei kontinuierlichen Phasen, deren Volumenanteile sich erheblich unterscheiden können. Sie bildet ausgedehnte Phasengrenzflächen aus. Ein Beispiel ist die Gerinneströmung (stratifizierte Strömung) in einem geneigten oder horizontalen Rohr oder eine Ringströmung im vertikalen Rohr.

Die diskontinuierliche Mehrphasenströmung stellt den Übergang zwischen disperser und separierter Strömung dar. In ihr kommen die Phasen periodisch separiert bzw. dispergiert mit ähnlichen Volumenanteilen vor. Ein typischer Vertreter ist die Pfropfenströmung. Die Anzahl der Phasenanteile in Mehrphasenströmungen kann sich auch reduzieren bzw. erhöhen, wie zum Beispiel beim Kondensieren und Verdampfen bzw. bei Fällungsreaktionen. Die Strömungsform hat über die Größe und Verteilung der Phasengrenzflächen großen Einfluss auf Stoff-, Impuls- und Wärmetransport im durchströmten Volumen. Sie hängt neben den Volumenströmen der beteiligten Phasen auch von der Lage im Raum ab, weil die Schwerkraft und damit die Auftriebskraft großen Einfluss auf das Fließ- und Separationsverhalten haben. Die Fließfähigkeit der Phasen hat ebenfalls Einfluss auf die Ausprägung der Strömungsform. In hochviskosen Stoffsystemen kann beispielsweise eine feindisperse Blasenströmung nicht auftreten. Mehrphasenströmungen spielen in nahezu allen Bereichen der Industrie eine Rolle. Ein tieferes Verständnis der Strömungsphysik ist sowohl aus sicherheitstechnischer als auch ökonomischer Sicht wichtig. Die folgenden Beispiele verdeutlichen dies.

Kerntechnik: Hier ist das Verständnis der Thermohydraulik in erster Linie sicherheitsrelevant. Bei Leichtwasserreaktoren treten sowohl im Normalbetrieb als auch bei einem Störfall Zweiphasenströmungen auf. Im Kern eines Leichtwasserreaktors wird thermische Energie aus der Kernspaltung in den Brennstäben frei und aus dem Bündel vieler Brennstäbe an das umgebende Kühlmittel (Wasser) abgegeben. In einem Siedewasserreaktor bildet sich im Normalbetrieb dabei Wasserdampf, der zur Stromerzeugung zu einer Turbine geleitet wird. Der Siedewasserreaktor ist im Normalbetrieb so zu steuern, dass die Menge des erzeugten Dampfs einen kritischen Wert nicht übersteigt, bei dem der die Brennstäbe umschließende Wasserfilm aufreißt und es zum lokalen Austrocknen der Brennstäbe, die so genannte Siedekrise, kommt. Durch die um den Faktor 1000 schlechtere Wärmekapazität des Dampfes gegenüber Wasser wäre thermisches Versagen und die Zerstörung der Brennstäbe mit Austritt des Spaltmaterials die mögliche Folge. Dem gegenüber ist ökonomisch eine hohe integrale Dampfproduktion für die Elektroenergieerzeugung wünschenswert. Beides kann durch Optimierung der Durchmischung des Kühlmittels in den Brennelementbündeln mittels geeigneter Geometrien und Strömungseinbauten erreicht werden. In einem Druckwasserreaktor entstehen in den Brennelementen ebenfalls Dampfblasen, die jedoch in der Folge wieder rückkondensieren. Das unter Druck erwärmte Wasser wird zu einem Wärmetauscher geleitet, um im angeschlossenen Sekundärkreis Dampf zum Antrieb einer Turbine zu erzeugen. Im Druckwasserreaktor ist vor allem ein Kühlmittelverluststörfall (LOCA) durch ein Leck kritisch, weil es dann zu einer Druckabsenkung mit schlagartigem Verdampfen von Teilen des Kühlmittelinventars im Kern kommt. Die Überhitzung der Brennstäbe ist die Folge. Bei Auftreten eines Lecks in einer Kühlmittelzuleitung kann es darüber hinaus zum Dampfmitriss in den Kern kommen. Die Bewertung der Sicherheitsrelevanz eines solchen Szenarios gelingt nur, wenn die Siedephänomene auf den Brennstaboberflächen und der Transport der Dampfblasen in der Zweiphasenströmung in der Bündelgeometrie verstanden sind. Schließlich treten bei Kühlmittelverluststörfällen in den Notkühlsystemen eines Leichtwasserreaktors disperse, turbulent aufgewühlte und geschichtete Zweiphasenströmungen auf. Sowohl für den Betrieb bestehender Anlagen als auch für Neubauten ist das Fernziel, mathematische Modelle für das thermohydraulische Verhalten zu erstellen, um leistungsfähige Simulationswerkzeuge zur Verfügung zu stellen.

Chemieverfahrens- und Anlagentechnik: Hier werden Stoffe umgewandelt. Dabei treten mehrphasige Stoffströme in verschiedenen Arten und Skalen auf und bestimmen maßgeblich den Prozessablauf. Dies dient zum Beispiel der Reaktionsführung in chemischen Apparaten in denen Reaktionspartner einander zugeführt werden oder ein Katalysator zur Reaktion zugesetzt wird. Solche Apparate sind Blasensäulen, Festbettreaktoren bei denen Gase und/oder Flüssigkeiten durch ein Festbett (Katalysator) strömen, sowie Wirbelschichtreaktoren für Flüssigkeiten und Gase, aber auch Rührkessel. Strömungen spielen auch bei der thermischen Stofftrennung eine Rolle, so zum Beispiel bei Separation und Extraktion einzelner Produkte wie zum Beispiel in Destillationskolonnen, in denen Stoffgemische destillativ separiert werden. In Extraktionskolonnen werden Flüssigkeiten voneinander getrennt. Schließlich werden mit Hilfe von Strömungen Stoffe auch mechanisch vermischt, separiert oder zerkleinert sowie Stoffsysteme wieder separiert. Dies geschieht in nicht reaktiven Wirbelschichten, in Rührkesseln ohne Reaktion, sowie in statischen Mischern. Die Prozesse in verfahrenstechnischen Anlagen werden maßgeblich durch die Strömungen in ihnen beeinflusst. Die zugrundeliegenden physikalischen Vorgänge sind teilweise hochkomplex, was die Steuerung dieser Prozesse schwierig gestaltet. Ziel ist es daher auch hier, die Strömungsphysik zu verstehen und mathematisch beschreiben zu können, um die Prozesse in zweierlei Hinsicht zu beeinflussen. Erstens für den sicheren Betrieb, zum Beispiel zur Vermeidung von lokalen Überhitzungen bei exothermen Reaktionen. Zweitens werden aus ökonomischer Sicht hohe Reaktionsraten mit möglichst geringem Stoffeinsatz, oder vollständige Vermischungen bzw. Separationen mit möglichst wenig Hilfsenergie angestrebt.

Die Fluide in verfahrenstechnischen Anlagen werden durch Armaturen und Pumpen gesteuert und bewegt. Pumpen sind besonders interessant, da sie in der Regel für den einphasigen Betrieb mit dem jeweiligen Medium (Gas bzw. Flüssigkeit) ausgelegt sind. Kommt es aber beispielsweise zu einem Gasmitriss in die Pumpenkammer einer Kühlwasserpumpe (zweiphasiger Betrieb) geht die Förderleistung rapide zurück. Das ist bei Kühlwasserpumpen sicherheitsrelevant. Darüber hinaus stellt auftretende Kavitation an der Oberfläche des Pumprades auch ein Sicherheitsrisiko dar, weil der Kollaps der Dampfblasen zu Oberflächenschädigungen auf den Laufradflächen führt (Dampfschlag). Das Verständnis der Strömungsphysik im Pumpengehäuse und des Einflusses von Pumpenradgeometrie und Gehäuseabmessungen auf den Impulstransport in der Strömung sind hier für die Festlegung sicherer Betriebsparameter und die Steigerung des Wirkungsgrades der Pumpen notwendig.

Während einphasige Strömungen lokal sehr gut quantitativ modelliert werden können, befinden sich mathematische Modelle zur Beschreibung der weitaus komplexeren Zwei- und Mehrphasenströmungen noch im Entwicklungsstadium. Angestrebt wird die numerische Modellierung der Strömungsvorgänge mit CFD-Codes (computational fluid dynamics) und die Nutzung dieser Simulationen zur Voraussage des strömungstechnischen Verhaltens von Apparaturen und Anlagen.

Disperse Mehrphasenströmungen werden entweder mit dem Euler-Euler-Modell berechnet, wobei jede der beteiligten Phasen als Kontinuum aufgefasst wird, oder mittels des Euler-Lagrange-Modells. Hier wird die disperse Phase (Blasen) als Partikel in der Strömung betrachtet. Separierte Zweiphasenströmungen mit freier Oberfläche werden zum Beispiel mit der Volume-of-Fluid Methode simuliert. Für die Weiterentwicklung und Validierung dieser Modelle werden umfangreiche Daten aus experimentellen Untersuchungen benötigt. Dabei besteht eine Diskrepanz zwischen den für die Simulation gewünschten Informationen und den durch Messtechnik erhaltenen Daten in Umfang und Güte. Die vorliegende Arbeit leistet hier einen wesentlichen Beitrag zum Informationsgewinn aus Mehrphasenströmungen.

1.2 Messtechnik für Mehrphasenströmungen - Stand der Technik

Durch Anwendung verschiedener Wirkprinzipien lassen sich unterschiedliche Parameter einer Strömung messtechnisch erfassen. Dabei unterscheiden sich die Ansprüche an die verwendete Technik in ihrer Komplexität in Industrie und Forschung deutlich. In vielen Bereichen der Industrie lassen sich Prozessüberwachung und –steuerung mit einfachen Kenngrößen, wie Temperatur, Differenzdruck oder Durchfluss realisieren. Dies gelingt zum Teil ohne größeren technischen Aufwand und ohne Rückwirkung auf die Strömung selbst, wie zum Beispiel bei Druck- oder Temperaturmessung. Oft jedoch ist auch die Form und das Verhalten der Strömung im Prozess für den Betreiber der Anlage interessant, so zum Beispiel die Frage nach Totzonen und Rezirkulationsgebieten in Blasensäulen oder der Flüssigkeitsverweilzeit in strukturierten Packungen in chemischen Reaktoren. Diese Informationen müssen aus Messungen der räumlichen Verteilungen der fluiden Phasen gewonnen werden. Bei transienten Prozessen ist dabei eine hohe Zeitauflösung gefordert.

Dem Anspruch der Forschung, die Strömungsphysik umfassend zu verstehen und Strömungsvorgänge mathematisch beschreiben zu können, kann nur mit der Erfassung komplexer Parameter entsprochen werden. Das ist vor allem die räumlich aufgelöste (bildhafte) Phasenverteilung im Strömungsquerschnitt, aus der sich unter anderem die Strömungsform, die Blasengrößenverteilung in dispersen Strömungen und zum Beispiel die Schichtungshöhen in stratifizierten Strömungen ableiten lassen. Informationen über die Phasengeschwindigkeiten und Turbulenzen können durch Erweiterung oder Kombination einzelner Messverfahren erlangt werden. Man unterscheidet invasive Messverfahren, die auf die Strömung zurückwirken und nicht-invasive, welche berührungslos arbeiten. Invasive Messtechniken reduzieren oft den Aufwand und ihr Einfluss auf das Messergebnis ist meist tolerierbar. Ist jedoch die Zugänglichkeit zur Strömung eingeschränkt, wie etwa bei dickwandigen Druckgefäßen oder hohen Prozesstemperaturen, sind nicht-invasive Messtechniken das Mittel der Wahl. Abbildung 1.1 zeigt eine Übersicht der verschiedenen Techniken, die im Folgenden kurz umrissen werden. Die Zuordnung einzelner Messtechniken zu invasiv und nicht-invasiv ist hierbei idealisiert. Sie ist in der Realität weniger scharf, vielmehr gibt es zwischen ihnen Grauzonen.

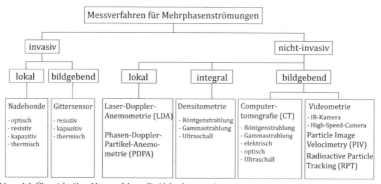

Abbildung 1.1: Übersicht über Messverfahren für Mehrphasenströmungen

1.2.1 Nichtinvasive Messverfahren

Nichtinvasive Messverfahren erfassen die gesuchten Parameter indirekt und wirken nicht auf die Strömung selbst zurück. Sie nutzen die Eigenschaft strömender Medien, elektro-magnetische Wellen, wie infrarotes und sichtbares Licht, aber auch Röntgen- und Gammastrahlung, zu beugen, zu streuen oder zu absorbieren. Welcher Wellenlängenbereich zur Anwendung kommt, richtet sich in erster Linie nach Sensitivität in Bezug auf den gesuchten Parameter und der Selektivität gegenüber der beteiligten Phasen sowie nach Handhabbarkeit, Zugangsmöglichkeiten zum Prozess und Überlegungen des Strahlenschutzes. Bestehen entsprechende Zugänge, so können mit geringem Aufwand optische Messmethoden angewandt werden, wie zum Beispiel Videometrie [2], [3]. Dabei wird die Strömungsstruktur mithilfe einer oder mehrerer Hochgeschwindigkeitskameras aufgenommen. Die Methode bildet Phasengrenzflächen ab, da an ihnen Licht gebrochen bzw. gestreut wird. Vorteile sind die sehr hohe Ortsauflösung bis in den Sub-Millimeter Bereich und die einfache Handhabung. Allerdings versagt diese Technik bei höheren Dispersionsgraden (Gasgehalt etwa >5%), weil eine Gasblase für Licht einen Totalabsorber darstellt. Der Bereich dahinter ist für die Kamera nicht mehr zugänglich.

Particle Image Velocimetry (PIV) kommt zur Anwendung, um Geschwindigkeitsfelder in einphasigen Strömungen zu vermessen. Dabei beleuchtet ein gepulster Laser in die Strömung eingebrachte mikroskopisch kleine und auftriebsneutrale Partikel in einer Ebene (den so genannten Laserschnitt). Eine außerhalb der Lichtschnittebene angeordnete Kamera nimmt in kurzer Folge Bilder auf. Zwischen zwei aufeinander folgenden Bildern können die Bewegungen der Partikel und damit das Geschwindigkeitsfeld bestimmt werden [4], [5]. PIV ist auch für Zweiphasenmessungen bei geringen Gasgehalten anwendbar. Weitere Vertreter optischer Messverfahren sind die laserinterferrometrischen Messverfahren Laser-Doppler-Anemometrie (LDA) [6] und Phasen-Doppler-Partikel-Anemometrie (PDPA) [7]. Dabei wird das Doppler-verschobene Streulichtsignal eines Partikels ausgewertet, das sich durch ein Laserinterferenzmuster bewegt. Damit können punktuell Geschwindigkeitskomponenten in Fluiden bestimmt werden.

Bei Ultraschallmessverfahren verändert das Strömungsmedium die Laufzeit von Ultraschallwellen vom Sender zum Empfänger aufgrund von Impedanzsprüngen [8]. Bei der Puls-Echo-Technik werden die Laufzeiten der Echos von Ultraschallwellen an Phasengrenzflächen infolge dieser Impedanzsprüngen analysiert, um auf Form und Größe etwa von Gasstrukturen zu schließen [9].

Durch die begrenzte Anwendbarkeit optischer und akustischer Messverfahren zur Untersuchung mehrphasiger Strömungen haben sich auch verschiedene radiographische Messmethoden etabliert. So kommen die Gammastrahlen- bzw. Röntgendensitometrie zum Einsatz. Dabei werden Intensitätsunterschiede bei der Durchstrahlung der Strömung zeitlich gemittelt gemessen [10], [11], aus denen Dichteunterschiede im Objekt berechnet werden können. Man erhält so zeitlich gemittelte, räumlich aufgelöste Gasgehaltsinformationen. Entlang des Messstrahls geht die Tiefeninformation allerdings verloren.

Radioactive Particle Tracking (RPT) macht es möglich, Bewegungen der Strömung anhand von Trajektorien einzelner radioaktiv markierter Partikel zu rekonstruieren [12]. Ein besonderes radiographisches Messverfahren stellt die Computertomografie dar, welche im Unterkapitel 1.3 näher beschrieben wird. Gemeinsamer Vorteil aller radiographischer Techniken ist der Zugang zu Strömungen ohne optischen Einblick oder in die Strömung eingebrachte Sonden, und damit ihre Anwendbarkeit auch bei hohen Drücken und Temperaturen. Da diese Messverfahren Dichteunterschiede durch Strahlungsschwächung messen, sind sie in einem weiten Bereich des Gasgehalts von 100% bis zu wenigen Prozent nutzbar. Nachteilig sind der höhere technische Aufwand und spezielle Maßnahmen für den Strahlenschutz.

1.2.2 Invasive Messverfahren

Fehlt ein optischer Zugang zum Prozess und können strahlungsbasierte Techniken nicht angewendet werden, kommen invasive Messtechniken zum Einsatz. Das können Sonden verschiedener Bauformen und Messprinzipien sein. Typische Vertreter sind die Nadelsonde und der Gittersensor. Beide werden direkt in der Strömung platziert. Nadelsonden sind ein einfaches, lokales Messgerät für mehrphasige Strömungen [13], [14]. Sie nutzen entweder optische oder elektrische Eigenschaften, wie Leitfähigkeit, Kapazität oder Impedanz, um zwischen den Phasen zu unterscheiden [15], [16]. Darüber hinaus ist auch die Messung der lokalen Temperatur möglich [17]. Nadelsonden liefern punktuell Parameter als Funktion der Zeit. Die Größe der messaktiven Sondenspitze bestimmt hierbei das erreichbare lokale Auflösungsvermögen. Moderne Doppelnadelsonden sind darüber hinaus in der Lage, die Geschwindigkeit der Gasblasen zu bestimmen und so eine örtliche Dispersphasen-geschwindigkeit zu ermitteln [18]. Aus den lokalen Messdaten von Nadelsonden kann ein über den Querschnitt gemittelter, zeitlich hoch aufgelöster Gasgehalt der Strömung berechnet werden.

Ein Gittersensor stellt im Prinzip die Erweiterung einer einzelnen Sonde in die Ebene dar und erlaubt so die Messung des Gasgehalts im Querschnitt der Strömung räumlich und zeitlich hochaufgelöst. Dafür wird eine parallele Anordnung von Sendedrähten im Abstand von wenigen Millimetern orthogonal zu den Empfängerdrähten im Strömungsquerschnitt aufgespannt. Mit Hilfe einer schnellen Messelektronik können an jedem Kreuzungspunkt der Drähte elektrische Eigenschaften des umgebenden Mediums ermittelt werden. Die verschiedenen Phasen der Strömung können anhand dieser Eigenschaften unterschieden werden. Dadurch liefert der Gittersensor eine bildhafte Phasenverteilung im Strömungsquerschnitt mit sehr hoher Zeitauflösung und einer Ortsauflösung, die von der Maschenweite des Gitters bestimmt wird [19], [20]. Mit Gittersensoren sind Messungen der elektrischen Leitfähigkeit, Kapazität oder Impedanz, aber auch der Temperatur des strömenden Mediums möglich [21]. Ihre Anwendung ist bei Normaldruck und Normaltemperatur bis hin zu Untersuchungen bei Drücken bis zu 7 MPa möglich. Hierzu ist aber ein erheblicher technologischer Aufwand in Hinblick auf Druckdichtigkeit und elektrische Signalisolation nötig, da ein Gittersensor immer direkt in den abzubildenden Prozess eingebracht werden muss. Ordnet man zwei Gittersensoren mit geringem Abstand hintereinander in der Strömung an, so lassen sich mittels Kreuzkorrelation Geschwindigkeiten der Phasengrenzflächen messen [22].

Vorteil der Sondenmesstechnik ist oft der vergleichsweise geringe messelektronische und operative Aufwand. Dem gegenüber steht der Nachteil des direkten Einbaus in den Strömungsquerschnitt und damit der Eingriff in die zu untersuchende Strömung. Zudem ist Sondenmesstechnik nicht anwendbar bei Strömungseinbauten und -versperrungen, sowie Packungen oder Schüttungen. Gittersensoren und Nadelsonden wirken erheblich auf die Strömung zurück. Gasblasen werden mitunter im Gittersensor abgebremst, was zu einer Überschätzung des Gasgehalts führt [23]. Die Strömungsstruktur wird deformiert bzw. zerschnitten. Dies macht sich insbesondere bei geringen Strömungsgeschwindigkeiten bemerkbar und führt zu signifikanten Fehlern in der Strömungsabbildung. Auch muss die Strömung hinter dem Gittersensor als gestört angesehen werden [24], so dass Phasenverteilungsmessungen an verschiedenen aufeinanderfolgenden Positionen in der Strömung problematisch sind. Die Qualität der Messdaten einer Nadelsonde in der Strömung hängt in großem Maße von der Spitzengröße, der Einbauposition, der Neigung der Sonde relativ zur Hauptströmungsrichtung, der Oberflächenspannung des Fluids und der Strömungsgeschwindigkeit ab.

1.3 Prozesstomografie

Computertomografische Messverfahren rekonstruieren eine Merkmalsverteilung des Untersuchungsobjekts aus den Projektionen des Objekts auf einen Detektor. Man unterscheidet nach Art des Informationsträgers Emissions-, Remissions- und Transmissionstomografie (siehe Abbildung 1.2). Typische Vertreter der Emissionstomografie sind die Positronen-Emissions-Tomografie (PET) [25] und die Single Photon Emission Computed Tomografie (SPECT). Beide gehören zu den funktionellen Bildgebungsverfahren. Sie zeigen die Verteilung eines Nuklids im untersuchten Querschnitt und können dadurch auch die Bewegung eines Strömungsmediums messen. Nachteilig sind die relativ schlechte Ortsauflösung und die Tatsache, dass lediglich Trajektorien oder zeitlich gemittelte Akkumulationen des Nuklids dargestellt werden können. Zur Remissions-CT gehört auch eine Sonderform der Puls-Echo-Ultraschalltechnik. Hierbei werden mehrere Sender-Empfänger-Einheiten genutzt, um ein Strömungsschnittbild zu rekonstruieren. Bei der Magnetresonanztomografie (MRT) [26], [27] werden Wasserstoffkerne über ihrem Eigenspin zunächst in einem statischen Magnetfeld ausgerichtet und dann durch einen HF-Impuls zur synchronen Präzession angeregt. In den empfangenen Signalen wird die Relaxationszeit der Kerne ausgewertet, wobei die Ortsinformation durch die Auswertung von Magnetfeldgradienten erhalten wird. Von Vorteil ist hier die Vermeidung ionisierender Strahlung. Dennoch ist das Verfahren nicht-invasiv und verschafft Zugang zu Strömungen auch durch nichttransparente Wände. Nachteil ist die Nichtanwendbarkeit bei metallischen Konstruktionswerkstoffen und Medien.

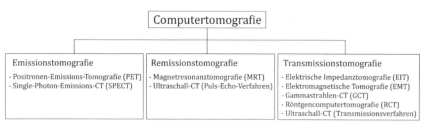

Abbildung 1.2: Übersicht über computertomographische Bildgebungsverfahren für Strömungsunter-suchungen.

Zur Transmissions-CT gehören elektrische Tomografieverfahren, wie Elektrische Impedanztomografie (EIT) [28] und Elektromagnetische Tomografie (EMT) [31], die Unterschiede in den elektrischen Impedanzen der untersuchten Phasen oder Unterschiede in der Permeabilität abbilden. Man unterscheidet dabei Elektrische Widerstandstomografie (ERT) und Elektrische Kapazitätstomografie (ECT) [30]. Je nach zu untersuchendem Medium wird das passende Verfahren (elektrische Leitfähigkeit, Kapazität oder Permeabilität) ausgewählt. Die Phasenverteilung in der Strömung führt zur ungleichmäßigen Ausprägung des elektrischen Feldes zwischen auf der Rohr- oder Gefäßwand aufgebrachten Flächenelektroden. Vorteil dieser Technik ist der Verzicht auf ionisierende Strahlung und der einfache Aufbau. Nachteilig ist die im Allgemeinen geringe und zur Mitte des Objekts hin abnehmende Ortsauflösung. Die Anwendung bei elektrisch leitfähigen Rohrwänden und Gehäusen ist problematisch.

Eine weitere schnelle Bildgebungstechnik zur Anwendung in der Strömungsdiagnostik ist die optische Tomografie [32], die sichtbares Licht als Informationsträger nutzt. Sie erreicht hohe Bildraten bei moderater Ortsauflösung und geringen Kosten, ist allerdings wie auch andere optische Messverfahren nur bei geringen Gasgehalten anwendbar.

Gammastrahlen-Tomografie [33], [34] hat den wesentlichen Vorteil des hohen Durchdringungsvermögens für große metallische Gefäße durch die Verwendung hochenergetischer Strahlung als Informationsträger. Damit ist sie auch an großen Industrieanlagen, bei hohen Drücken und Temperaturen einsetzbar. Durch Verwendung monoenergetischer Strahlung des radioaktiven Zerfalls kommt es nicht zu Aufhärtungsartefakten, wie sie bei Röntgenstrahlung auftreten. Gammastrahlen-CT-Systeme erreichen Ortsauflösungen von bis zu 3 mm, können aber durch den natürlich begrenzten Quantenfluss aus der Strahlungsquelle nur zeitgemittelt messen.

Auch konventionelle Röntgen-CT-Systeme, wie sie in der Medizin Anwendung finden, sowie Mikrofokusanlagen wurden zur Strömungsmessung eingesetzt [35], [36], [37]. Hierbei müssen vor allem die geringere Penetrationsfähigkeit aufgrund der niedrigeren Strahlungsenergie und die geringe Zeitauflösung als Nachteil angesehen werden. Medizinische Systeme erreichen Ortsauflösungen im Bereich einiger 100 μm und Zeitauflösungen von effektiv 3 Schnittbildern pro Sekunde. Mit Mikrofokus-Systemen lassen sich Ortsauflösungen bis 6 μm bei Messzeiten im Minutenbereich erreichen.

1.4 Schnelle strahlungsbasierte CT-Systeme in der Strömungsdiagnostik

Frühzeitig wurden Anstrengungen unternommen, um die Projektionsfolge konventioneller strahlungsbasierter CT-Systeme zu beschleunigen und hohe Schnittbildraten für Strömungsuntersuchungen zu erreichen. Dabei wurden verschiedene Ansätze verfolgt. Nach einem frühen Vorschlag von Linuma et al. [38] könnte hierzu eine Röntgenquelle mit mechanisch rotierender Kathode genutzt werden, praktisch ist das aber nie realisiert worden. Die schnellen Röntgenscanner von Misawa [39] und Hori [40] sowie der schnelle Gammastrahlen-Tomograf von Froystein [41] erreichen eine Steigerung der Bildrate durch Erhöhung der Quellenanzahl (Abbildung 1.3a). Misawa und Hori nutzen 18 bzw. 64 gepulste Röntgenröhren und 256 bzw. 534 Detektoren in einem 360° Vollkreis. Ihre Röntgenquell- bzw. Detektorebene liegen axial versetzt zueinander, da sie sich andernfalls gegenseitig verdecken würden. Froystein nutzt 5 Isotopenquellen (Americium-241) und 85 Detektoren (Abbildung 1.3b). Damit wird eine Bildrate von 100 Bildern pro Sekunde erreicht. Der Quantenfluss aus dem Gammazerfall der Isotopenquellen ist begrenzt. Deshalb lässt sich die Bildrate dieses Systems nicht weiter steigern, wenn die Aktivität, d.h. das Volumen der Quelle nicht erhöht und damit die Ortsauflösung verschlechtert werden soll. Hampel [46] nutzt zur Messung der Fluidverteilung in einer rotierenden hydrodynamischen Kupplung eine winkelsynchron mittelnde Gammastrahlen-CT. Nach der kontinuierlichen Messung werden hier aus den Datensätzen Projektionen gleicher Winkelpositionen des rotierenden Objekts aussortiert, um daraus winkelaufgelöst die Fluidbeladung rekonstruieren zu können.

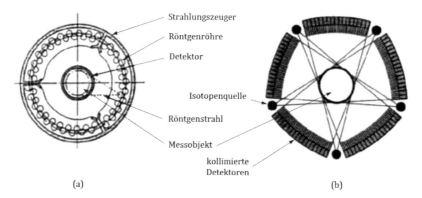

Abbildung 1.3: Schnelle CT-Systeme. a) Röntgentomograf von Hori (entnommen [40]): Der Tomograf erreicht eine Zeitauflösung von 2000 fps bei einer räumlichen Auflösung von 2 mm mit 64 sequentiell gepulsten Röntgenröhren und 534 Detektoren. b) Gammastrahlen-Computertomograf von Froystein (entnommen [41]): Mit 5 Americium-241-Quellen und 85 Detektoren werden bis 100 fps bei 5 mm Ortsauflösung erzielt.

Einen anderen Ansatz verfolgte Boyd [42] mit seinem Elektronenstrahl-CT für kardiologische Untersuchungen. Sein Grundgedanke der Nutzung eines freien, magnetisch abgelenkten Elektronenstrahls zur Erzeugung eines schnell um das Objekt rotierenden Röntgenquellfleck wurde bereits am Institut für Sicherheitsforschung des Forschungszentrums Dresden-Rossendorf (heute HZDR) in einer CT-Anordnung mit begrenztem Projektionswinkel genutzt (siehe Abbildung 1.4). Damit konnten bei Strömungsuntersuchungen Bildraten von bis zu 10.000 fps bei Ortsauflösungen von ca. 1 mm erreicht werden [43], [44]. Darüber hinaus ist dieses CT methodisch auf 3D-Tomografie erweitert worden [45].

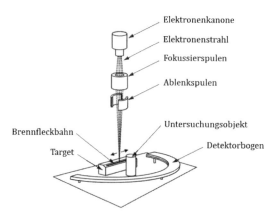

Abbildung 1.4: Tomografieanordnung mit linear gescanntem Elektronenstrahl und begrenztem Projektionswinkel. 256 Detektoren sind im Halbkreis angeordnet, Der Elektronenstrahl wird mit bis zu 10.000 kHz abgelenkt. Es wird eine Ortsauflösung von 1 mm erreicht.

1.5 Motivation der Arbeit

Um das unter 1.1 genannte Ziel der mathematischen Beschreibung komplexer Strömungen zu erreichen ist es notwendig umfangreiche Experimente im Labormaßstab zu betreiben. Die derzeit zur Verfügung stehende Mehrphasenmesstechnik erschließt je nach Messprinzip nur einen Teil der gewünschten Parameter. Besonders die bildhafte räumlich und zeitlich hochaufgelöste Phasenverteilung in der Strömung ist nur sehr eingeschränkt zugänglich. Ihr kommt aber eine Schlüsselrolle zu, da sich aus ihr eine ganze Reihe Parameter ableiten lassen, die für die Modellbildung notwendig sind.

Ziel der vorliegenden Arbeit war es deshalb, ein neuartiges Bildgebungsverfahren zu schaffen, welches räumlich und zeitlich hochaufgelöst und berührungsfrei Strömungsvorgänge abbilden kann. Prinzipiell kommen hierfür tomographische Strahlungsmesstechniken in Betracht. Neutronen-, Gammastrahlen- und Positronenemissionstomografie scheiden aber wegen der schlechten Orts- oder Zeitauflösung oder auch wegen eingeschränkter Verfügbarkeit der Strahlungsquellen aus. Konventionelle Röntgencomputertomografiesysteme sind durch ihre hohen Photonenflüsse potenziell in der Lage, ein ausreichendes Signal-Rausch-Verhältnis in den für hohe Zeitauflösungen notwendigerweise sehr kurzen Messzeitintervallen am Detektor zur Verfügung zu stellen. Allerdings sind die Bildraten herkömmlicher CTs für Strömungsuntersuchungen viel zu niedrig. Grundidee dieser Arbeit ist deshalb die Anwendung eines freien Elektronenstrahls zur Erzeugung eines um das Untersuchungsobjekt rotierenden Röntgenstrahlungsquellflecks und die sehr schnelle Erfassung von Durchstrahlungs-projektionen des Objekts, aus denen mittels geeigneter Rekonstruktionsalgorithmen ein überlagerungsfreies Schnittbild des Messobjekts rekonstruiert werden kann. Auf diese Weise wird die mechanische Rotation von Quelle und Detektor um das Objekt und die daraus resultierende Limitation der Bildrate überwunden. Der wissenschaftliche Mehrwert des neu entwickelten Messverfahrens besteht in der Kombination der hohen räumlichen und zeitlichen Auflösung in Verbindung mit der Nichtinvasivität. So können Daten für die Validierung und Weiterentwicklung von CFD-Codes in bisher unerreichter Güte und Umfang zur Verfügung gestellt werden.

Kapitel 2

Grundlagen

2.1 Erzeugung und Detektion von Röntgenstrahlung

2.1.1 Technische Erzeugung von Röntgenstrahlung

Röntgenstrahlung entsteht, wenn schnelle Elektronen in ein Target eindringen und dabei abgebremst werden. Dabei verlieren sie kinetische Energie und senden die Energiedifferenz zwischen ihrer Eindringenergie E_{kin0} und der Energie nach dem Ablenkvorgang E_{kin1} als Röntgenbremsstrahlung aus. Die Energie E_{Ph} der Röntgenphotonen ergibt sich dabei nach dem Energieerhaltungssatz zu

$$E_{Ph} = \frac{h \cdot c}{\lambda} = E_{kin0} - E_{kin1} \, . \tag{2.1}$$

h bezeichnet das Planck´sche Wirkungsquantum, c die Lichtgeschwindigkeit und λ die Wellenlänge des Photons. Die Stärke der Ablenkung und der daraus resultierenden Abbremsung und damit die Energie des erzeugten Röntgenphotons hängen vom Abstand der Bahnkurve des Elektrons zum Kern ab. Je näher das Elektron den Kern passiert, desto stärker wird das Elektron abgebremst und umso kürzer ist die Wellenlänge bzw. höher ist die Energie des emittierten Röntgenphotons. Da die Bahnabstände der Elektronen zum Kern stochastisch verteilt sind und Elektronen mehrfach von aufeinanderfolgenden Kernen gebremst werden können, entsteht ein kontinuierliches Energiespektrum der Röntgenstrahlung, bis hin zu einer Grenzenergie

$$E_{Phmax} = U_B \cdot e \, , \tag{2.2}$$

wie in Abbildung 2.1 dargestellt.

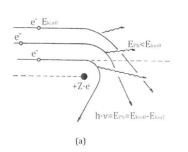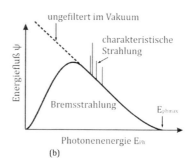

(a) (b)

Abbildung 2.1: Entstehung und Spektrum von Röntgenbremsstrahlung. a) Entstehung: Elektronen werden im Feld des Kerns abgelenkt und dabei gebremst. Die Energiedifferenz wird als Bremsstrahlungsphoton emittiert. b) Röntgenspektrum eines Wolframtargets. Im kontinuierlichen Bremsstrahlungsspektrum finden sich auch die Linien der charakteristischen Strahlung.

Der Wirkungsgrad $\eta_{R\ddot{o}}$ für diese Strahlungserzeugung berechnet sich zu

$$\eta_{R\ddot{o}} = k \cdot U_B \cdot Z. \tag{2.3}$$

Dabei ist U_B die Beschleunigungsspannung, Z ist die Kernladungszahl des Targetmaterials und k ist eine Konstante mit dem Wert $\approx 1,1 \cdot 10^{-9} \, V^{-1}$. $\eta_{R\ddot{o}}$ liegt in der Größenordnung weniger Prozent. Der Röntgenphotonenfluss ψ aus technischen Röntgenquellen ist der Kernladungszahl Z des Materials und dem Strahlstrom I_B direkt proportional und gehorcht nach Petzold und Krieger [47] der Abhängigkeit

$$\psi \propto Z \cdot I_B \cdot U_B^n. \tag{2.4}$$

Der Exponent n der Beschleunigungsspannung U_B berücksichtigt die Eigenfilterung bzw. etwaige Vorfilter und damit die Aufhärtung des Spektrums. n liegt zwischen 2 für ungefilterte Strahlung (offene Quelle) und 5 für durch dichtes Material gefilterte Strahlung. Eine typische medizinische Röntgenröhre erreicht einen Photonenfluss ψ in der Größenordnung 10^{11} bis 10^{14} Photonen pro Sekunde. Dieser ist ausreichend um ein genügend hohes Signal-Rausch-Verhältnis bei einem zeitlich hochauflösenden Messsystem zu erreichen.

Eine spezielle Form der Röntgenbremsstrahlung ist Synchrotronstrahlung. Diese wird durch magnetische Ablenkung relativistischer Elektronen in Synchrotrons erzeugt. Prinzipiell ist mit Synchrotronstrahlung auch CT möglich, sie ist aber an die Verfügbarkeit von Beschleunigeranlagen gekoppelt. Deshalb wird sie in dieser Arbeit nicht betrachtet.

2.1.2 Detektion von Röntgenstrahlung

Detektoren für Röntgenstrahlung nutzen Wechselwirkungsmechanismen der Röntgenphotonen mit Materie um ein Messsignal zu generieren. Dabei wird entweder die ionisierende Wirkung der Röntgenstrahlung genutzt (direkte Konversion in Halbleitern) oder die Strahlung wird durch Stoßprozesse in Licht umgewandelt und dann optisch gemessen (indirekte Konversion in Szintillatoren). Röntgensensitive Filme nutzen chemische Reaktionen, die durch Röntgenstrahlung initiiert werden. Aufgrund ihrer zeitlichen Trägheit spielen sie in dieser Arbeit keine Rolle.

a)   Detektoren für indirekte Konversion

Indirekt konvertierende Detektoren nutzen den physikalischen Effekt der Radiolumineszenz, eine Art der Photoabsorption. Einfallende Röntgenphotonen werden zunächst in einem Szintilatorkristall in sichtbares Licht konvertiert. Dieses wird von einem hinter dem Kristall angeordneten lichtempfindlichen Bauelement in einen als Messsignal verwertbaren Ladungspuls gewandelt. Als Szintillatormaterial kommen Sinterkeramiken oder Mischkristalle wie Cäsiumjodid (CsJ) oder auch Lutetiumytriumorthosilikat (LYSO) zum Einsatz. Tabelle 2.1 zeigt eine Übersicht wichtiger Eigenschaften gebräuchlicher Szintillatormaterialien mit Angabe der Wechselwirkungslänge, bei der 50% der Photonen im Detektor gestoppt werden, am Beispiel von Photonen aus einer Cs-137 Quelle ($E_{ph} = 662\ keV$).

Tabelle 2.1: Eigenschaften einiger Szintillationslichtwandlermaterialien (aus [33])

Material	Photonen-ausbeute [1/keV]	Abklingzeit [ns]	Wellenlängen-maximum der Photonen [nm]	Wechselwirkungslänge für 50% gestoppte Photonen ($E_{ph} = 662\ keV$) [cm]	Dichte [g/cm^3]	Hygroskopie
BGO	8-10	300	480	1,0	7,13	nein
CsI	54	1000	550	2,0	4,51	leicht
NaI	38	250	415	2,5	3,67	ja
LSO	32	40	435	1,1	7,10	nein
LYSO	32	41	420	1,1	7,10	nein
YAP	18	27	370	1,7	5,55	nein

Die aufgeführten Materialien vereinen Kompromisse in sich. Es konkurrieren die Ansprüche einer hohen Wechselwirkungseffizienz und damit einer hohen Dichte mit einer hohen Photonenausbeute. Außerdem werden eine sehr gute optische Transparenz und eine kurze optische Abklingzeit im Nanosekundenbereich angestrebt um hohe Zeitauflösungen zu erreichen.

Die Detektionseffizienz (Detective Quantum Efficiency, DQE) wird angegeben als

$$DQE = \frac{SNR_A^2}{SNR_E^2}.\qquad(2.5)$$

SNR_A und SNR_B bezeichnen hier die jeweiligen Signal-Rausch-Verhältnisse am Ein- und Ausgang des Detektors. Die DQE beschreibt die Effizienz der Umwandlung der einfallenden Röntgenstrahlung und wird in der Praxis wesentlich durch Reflexionsverluste an den Kristalloberflächen und durch Koppelverluste zwischen Szintillator und Fotoelement auf Werte von unter 40% reduziert [90].

Als lichtempfindliches Bauelement können Photomultiplier, klassische Fotodioden, PIN-Dioden oder Avalanche-Fotodioden (APD) genutzt werden [48]. Ein großer Vorteil der APD ist ihre Eigenverstärkung, die ein hohes, rauscharmes Signal schon bei geringem Photonenfluss liefert [49].

b)   Detektoren für direkte Konversion

Bei der direkten Strahlungskonversion generiert ein Röntgenphoton beim Eindringen in ein Halbleiterkristall entlang seines Weges Elektron-Loch-Paare. Die so getrennten Ladungen werden durch ein Driftfeld zwischen Kathode und Anode abgesaugt und generieren einen Ladungspuls. Abbildung 2.2 verdeutlicht dies. Die Höhe dieses Signals hängt im Wesentlichen von der Dichte des Materials und der Anzahl der bei der Konversion eines Photons entstehenden Elektron-Loch-Paare, sowie von der Geschwindigkeit ihres Abtransports aus dem Kristall ab.

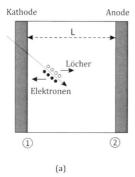
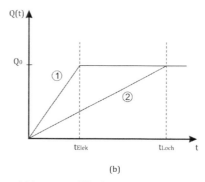

(a)   (b)

Abbildung 2.2: Funktionsweise eines Halbleiterdetektors. a) Schema mit einfallendem Photon und Ladungstrennung entlang des Eindringweges im Kristall der Dicke L. Löcher und Elektronen werden durch das Driftfeld zu den Elektroden (1 und 2) abgesaugt. b) Zeitdiagramm des Ladungstransports Q(t). Unterschiedliche Mobilitäten und Lebensdauern führen zu unterschiedlichen Potenzialverläufen an den Orten 1 und 2 im Kristall. Elektronen werden deutlich schneller als Löcher durch den Kristall transportiert.

Für eine hohe Anzahl von Elektron-Loch-Paaren je Photon ist eine niedrige Bandlücke von <5 eV notwendig [48]. Um ein niedriges intrinsisches Rauschen und damit ein hohes Signal-Rausch-Verhältnis des Halbleiters zu erreichen, muss die Bandlücke allerdings größer als 1,4 eV sein [50]. Geeignete Detektoren liegen mit ihrer Bandlücke deshalb zwischen 1,4 und 5 eV.

Als Materialien sind Quecksilberjodid (HgJ_2) oder Cadmiumtellurid (CdTe) bzw. Cadmium-Zink-Tellurid (CdZnTe oder CZT) wegen ihrer hohen Dichten und dem möglichem Betrieb bei Raumtemperatur gebräuchlich. In der Medizin kommt daneben auch amorphes Selen (a-Se) zum Einsatz [48]. Tabelle 2.2 zeigt eine Übersicht verschiedener Halbleiterdetektormaterialien für die Röntgendetektion.

Tabelle 2.2: Physikalische Eigenschaften einiger Halbleiterdetektormaterialien für die Röntgendetektion.

Material	Si	Ge	GaAs	CdTe	CZT	HgI	TlBr
Kernladungszahl	14	32	31,33	48,52	48,30,52	80,53	81,35
Dichte [g/cm³]	2,33	5,33	5,32	6,2	5,78	6,4	7,56
Bandlücke [eV]	1,12	0,67	1,43	1,44	1,57	2,13	2,68
Elektron-Loch-Paar-Bildungsenergie [eV]	3,62	2,96	4,2	4,43	4,6	4,2	6,5
elektr. Widerstand [Ω/cm]	10^4	50	10^7	10^9	10^{10}	10^{13}	10^{12}
Mobilität Elektronen [cm²/V]	>1	>1	10^{-5}	10^{-3}	10^{-3}	10^{-4}	10^{-5}
Mobilität Löcher [cm²/V]	~1	>1	10^{-6}	10^{-4}	10^{-5}	10^{-5}	10^{-6}

Abbildung 2.3 zeigt eine Bewertung verschiedener Materialien (Auswahl) für die Verwendung als Detektor für Photonen von 60 keV Energie. Ausgehend von möglichst geringer Kristalltiefe (hohe Wechselwirkungseffizienz), niedriger Dunkelstromdichte (hohes SNR) und niedriger Driftfeldspannung (hohe Geschwindigkeit) ist ein Optimum erkennbar. Cadmium-Tellurit kommt ihm am Nächsten.

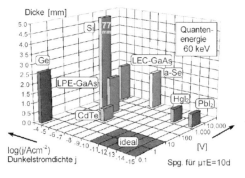

Abbildung 2.3: Halbleiterdetektormaterialien. Bewertung nach Dunkelstromdichte, notwendiger Driftfeldspannung und Pixeltiefe für eine 90%-ige Konversion von Röntgenphotonen der Energie 60 keV. CdTe kommt der Idealkombination dieser Parameter am nächsten. (entnommen [33]).

Halbleiterdetektoren lassen sich in Grenzen in beliebigen Abmessungen herstellen. Sie sind in einem weiten Temperaturbereich einsetzbar, unempfindlich gegenüber äußeren Magnetfeldern und weitestgehend frei von strahlungsinduzierter Degradation [52]. Dadurch eignen sie sich für ein robustes Detektorsystem mit hoher räumlicher Auflösung. Auf die Geschwindigkeit der Detektoren und damit auf die erreichbare Zeitauflösung eines CTs hat der Ladungstransport in den Halbleiterkristallen einen wesentlichen Einfluss. Elektronen und Löcher besitzen unterschiedliche Mobilitäten μ und Lebensdauern τ. Zur Charakterisierung eines Halbleiterdetektors wird das $\mu\tau$-Produkt benutzt, welches möglichst hoch sein soll, um eine schnelle Ladungsträgerdrift durch den gesamten Kristall und damit eine bestmögliche Sammlung der Ladungsträger für das Messsignal zu erreichen. Diese kann durch Anlegen eines elektrischen Driftfeldes E im Kristall erhöht werden und wird durch die Ladungsträgerdriftweite $\mu\tau E$ charakterisiert. Eine Erhöhung der Driftspannung sorgt aufgrund des endlichen ohmschen Widerstands des Halbleitermaterials aber auch für eine Erhöhung des Dunkelstroms (intrinsisches Rauschen). Dem kann durch Ladungsträgerverarmung im Kristall mittels Dotierung entgegengewirkt werden. Detaillierte Ausführungen dazu finden sich in [52], [53] und [54]. Analog zur DQE wird bei Raumtemperatur-Halbleiterdetektoren die Sammelgüte (engl. Charge Collecting Efficiency, CCE) eingeführt. Sie beschreibt, wie viele der getrennten Ladungen tatsächlich zum Signal beitragen und ist definiert als

$$CCE = \frac{nachgewiesene\ Ladung}{erzeugte\ Ladung} \tag{2.6}$$

und ideal 100%. Praktisch reduziert sie sich, da vor allem durch Ladungträgereinfang, dem so genannten „trapping" an Störstellen oder Verunreinigungen, die Ladungsträgerlebensdauer erheblich verkürzt wird. Dadurch tragen nicht mehr alle Elektronen zum Messsignal bei. Die CCE kann nach Hecht [55] berechnet werden mit

$$CCE = \left[\frac{\lambda_h}{L}\left(1 - e^{-\frac{x}{\lambda_h}}\right) + \frac{\lambda_e}{L}\left(1 - e^{-\frac{L-x}{\lambda_e}}\right)\right]. \tag{2.7}$$

λ_h bzw. λ_e bezeichnen hier die mittleren Driftlängen der Löcher und Elektronen durch den Kristall. L ist die Kristalllänge und x die Wechselwirkungsposition, an der die Ladungsträgertrennung stattfindet. Es besteht eine Abhängigkeit des CCE von der Wechselwirkungsposition im Kristall. Diese hat einen stark nicht linearen Verlauf. 50% der Röntgenphotonen wechselwirken innerhalb der ersten Zehntelmillimeter nach Eintritt in den Detektorkristall. Die Richtung des Driftfeldes hat somit erheblichen Einfluss auf die Geschwindigkeit der Detektoren. Die zum Teil deutlichen Mobilitätsunterschiede zwischen Elektronen und Löchern führen bei hohen Photonenflüssen aber auch zu einem Polarisationseffekt im Kristall, da die Elektronen sehr viel schneller im Driftfeld abgesaugt werden als die Löcher. Es bildet sich eine Raumladungszone aus, die das radiologisch wechselwirkende Volumen verkleinert. Diese Polarisation führt zu einer „Taubheit" der Detektoren. Diese zeigt sich in einem Anstieg des Dunkelstroms und einer drastischen Verschlechterung des Zeitverhaltens. Diese Eigenschaft ist bei dotierten Detektorkristallen wie CdZnTe stärker ausgeprägt als bei undotiertem CdTe

[56]. Dem kann in Grenzen entgegengewirkt werden, indem das Driftfeld kurzzeitig abgeschalten, oder die Detektorkristalle stark gekühlt werden [57]. Je nach Wahl des Elektrodenmaterials können rein ohmsche Kristalle erzeugt oder ein Schottky-Übergang realisiert werden. Letzterer hat den Vorteil, dass die Biasspannung des Driftfeldes im Kristall deutlich erhöht werden kann, ohne dass der Dunkelstrom in gleichem Maße ansteigt. So lassen sich sehr schnelle Detektorpixel mit sehr gutem SNR realisieren [58]. Darüber hinaus sind bei Schottky-kontaktierten Kristallen die Polarisationseffekte bei hohen Röntgenflüssen deutlich weniger ausgeprägt [56], [57].

Je nach Messaufgabe werden indirekt und direkt konvertierende Strahlungsdetektoren im Puls-Modus oder im Strom-Modus betrieben. Im Puls-Modus wird jeder der von den Photonen erzeugten Ladungspulse ausgewertet. Ihre Höhe ist zur Menge der im Detektor deponierten Strahlungsenergie proportional, und wird zur Energiediskriminierung genutzt. Aus der Anzahl der Pulse je Zeiteinheit lässt sich auf die Intensität (Strahlungsfluss) schließen. Im Strom-Modus hingegen werden alle erzeugten Pulse zu einem Stromsignal aufintegriert. Dadurch wird ein sehr viel höheres Messsignal je Zeiteinheit erreicht, welches jedoch dem Produkt von Energie und Anzahl der Photonen proportional ist. Es besteht keine Möglichkeit der Energiediskriminierung.

2.2 Röntgencomputertomografie

Röntgencomputertomografie ist ein bildgebendes Messverfahren, bei dem aus Projektionen der Strahlungsschwächung eines Objekts die Schwächungsverteilung im Objekt selbst rekonstruiert wird. Es zählt zu den transmissionstomografischen Verfahren. Methodisch sind die Messwerterfassung (Aufnahme von Projektionsdaten) und die Rekonstruktion (Berechnung des Schnittbildes) zu unterscheiden.

2.2.1 Erfassung von Projektionsdaten

Zunächst wird das CT-System zu einem einzelnen kollimierten Röntgenstrahl abstrahiert, der von der punktförmigen Röntgenquelle zum gegenüberliegenden Detektorpixel verläuft. Dabei durchdringt der Strahl das Messobjekt, welches sich zwischen Quelle und Detektor befindet. Sein Schwächungsverhalten für Röntgenstrahlung wird durch eine zweidimensionale Verteilung des Schwächungskoeffizienten μ beschrieben. (siehe Abbildung 2.4). Dabei wird der Röntgenstrahl entsprechend des LAMBERT-BEERschen Gesetzes

$$I_\Theta(s) = I_0 \cdot e^{-\int \mu \cdot dt} \tag{2.8}$$

geschwächt. I bezeichnet hier die Intensität der Röntgenquelle. Der Detektor nimmt einen geschwächten Intensitätswert der Strahlung auf, der durch die Integration der verschiedenen Schwächungsanteile entlang des Strahls entstanden ist. Mit Kenntnis der Anfangsintensität I_0 gilt für die Extinktion

$$E = -ln\frac{I}{I_0} = \int_0^1 \mu(x_Q + t(x_D - x_Q), y_Q + t(y_D - y_Q))dt, \tag{2.9}$$

wobei $\mu(x, y)$ die zweidimensionale Schwächungsverteilung im Objekt ist. t bezeichnet die Wegvariable entlang der von Quelle zu Detektor integriert wird; x_Q und y_Q bzw. x_D und y_D sind die Quell- bzw. Detektorkoordinaten im festen Objektkoordinatensystem.

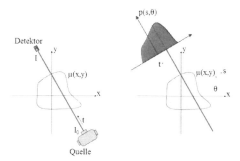

Abbildung 2.4: Abtastung der Schwächung im Objekt µ(x,y) des Objekts durch den Messstrahl. Der Messstrahl der Anfangsintensität I₀ passiert das Objekt und wird mit einer geschwächten Intensität I am Detektor gemessen. Durch zyklisches Verschieben und Rotieren des Strahls im Koordinatensystem (s, t) wird µ(x,y) als Projektion p(s,θ) aufgenommen (Parallelabtastung, entnommen [61]).

Die Werte lassen sich in einem so genannten Sinogramm darstellen, dessen Spalten die diskreten Quelle-Detektor-Strahlpositionen und deren Zeilen die diskreten Winkelschritte $\Delta\theta$ abbilden. Die kontinuierliche Entsprechung zum diskretisierten Sinogramm ist der RADON-Raum [59]. Jeder Punkt im zweidimensionalen Objektraum entspricht einer sinusförmigen Kurve im Sinogramm (daher der Name), deren Amplitude dem Abstand vom Zentrum des Objektkoordinatensystems und deren Grauwert dem integralen Schwächungswert in diesem Punkt entspricht (Abbildung 2.5).

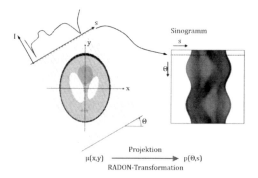

Abbildung 2.5: Entstehung und Inhalt eines Sinogramms. Die gemessene Intensitätsverteilung I(s) am Detektor, entstanden durch die Projektion des Objekts auf den Detektor, wird für jeden Winkel θ in eine Matrix geschrieben. Im entstandenen Sinogramm wird jeder Punkt im Objekt durch eine sinusförmige Kurve repräsentiert. Mathematisch entspricht diese Projektion der RADON-Transformation.

In modernen Röntgen-CTs bedient man sich in der Regel Punktstrahlern als Röntgenquellen, deren Emissionsfeld fächerförmig auskollimiert ist (Abbildung 2.6). Das hat den Vorteil, dass der diskrete Scan des Einzelstrahls entlang der s-Achse entfällt und mit einer Messung eine vollständige Projektion des Objekts aufgenommen wird. Allerdings müssen die am Detektor gemessen Integralwerte nach der Aufnahme entsprechend der Winkelposition der Fächerstrahlen zur Quellposition neu sortiert werden, um wieder reguläre Parallelstrahlsinogramme zu generieren. Das abtastende System muss darüber hinaus einen größeren Drehwinkel absolvieren ($\Delta\theta=180°$+Fächerwinkel φ), um das Objekt vollständig abzutasten (Abbildung 2.7).

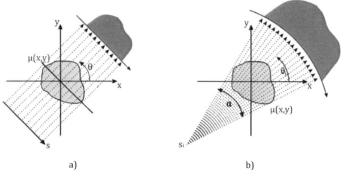

a)   b)

Abbildung 2.6: Abtastgeometrien von CT-Systemen. a) Parallelstrahlsystem, b) Fächerstrahlsystem (Quelle an Position s_i)

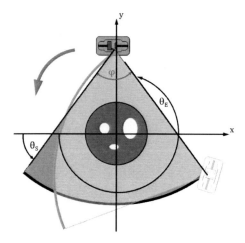

Abbildung 2.7: Objektabtastung durch ein Fächerstrahlsystem. Die Quelle mit Strahlenfächer rotiert (hier entgegen Uhrzeigersinn) um das Objekt. Nach einem minimal notwendigen zu überstreichenden Projektionswinkel $\theta_E=180°$+Fächerwinkel φ, liegt die vollständige Objektinformation vor, da alle möglichen Linienintegrale der antastenden Strahlen aufgenommen sind. θ_S bezeichnet den Startwinkel zu Beginn der Projektionsfolge.

2.2.2 Bildrekonstruktion

Für die Bildrekonstruktion aus tomographischen Projektionsdaten gibt es verschiedene Ansätze. Diese sind ausführlich u. a. in Kak&Slaney [60] beschrieben. Hier wird auf das analytische Verfahren der gefilterten Rückprojektion eingegangen.

Bei der Rekonstruktion der Schwächungsverteilung im Objekt werden die Projektionen derselben in den Bildraum rückprojiziert. Formal geschieht das mit der so genannten ungefilterten Rückprojektion, bei der jeder gemessene Schwächungswert entlang eines abtastenden Strahls (Quelle-Detektor) in das Bild „rückgeschmiert" wird. Dabei wird der integrale Schwächungswert gleichmäßig auf alle diejenigen Pixel auf dem Rekonstruktionspixelgitter im Bildraum verteilt, die geometrisch im korrespondierenden Strahl im Objektraum liegen. Die Information über die Position des Schwächungsbeitrags entlang des Strahls ist durch die Integration bei der Messung verloren gegangen. Das Resultat der ungefilterten Rückprojektion ist ein verschmiertes Bild (Abbildung 2.8b). Die Verschmierung kann mathematisch mit Hilfe der Systemantwort am Beispiel der Rückprojektion der Projektionen der Punktantwortfunktion beschrieben werden. Die rückprojizierte Punktantwortfunktion besitzt ein $1/r$ Profil, das aus einer Zunahme der Strahlendichte pro Flächenelement zum Zentrum hin herrührt (Abbildung 2.8a). Es ist ein rekonstruierendes Filter notwendig, das dieses Verhalten der Rückprojektion kompensiert. Abbildung 2.8c zeigt das gefilterte Bild.

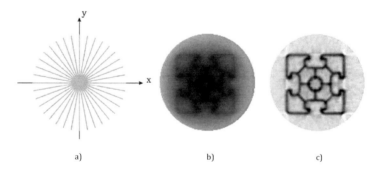

a)   b)   c)

Abbildung 2.8: Rückprojektion. a) Rückprojektion der Projektionen der Punktfunktion. Zum Zentrum hin kommt es zu einer Zunahme der Strahldichte. Ein ungefiltert rückprojiziertes Schnittbild eines Objekts (b) ist deshalb verschmiert und Objektdetails sind kaum erkennbar. Durch Anwendung eines rekonstruierenden Filters wird dem entgegen gewirkt (c). Das Objekt ist hier ein 80 x 80 mm Aluminium-Stranggussprofil, die Röntgenbilder b und c wurden mit dem ROFEX aufgenommen. Sichtbar sind auch Aufhärtungsartefakte in Richtung der Außenkanten des Objekts (siehe dazu 3.4.5).

Die ausführliche Herleitung dieser Filterfunktion findet sich Kak&Slaney [60]. In der Praxis kommen verschiedene, modifizierte Filterfunktionen zum Einsatz, da je nach Form der Filterfunktion zum Beispiel Kanten im Bild stärker betont oder geglättet werden. Beispiele für solche rekonstruierende Filter sind Hamming-Filter, Shepp-Logan- oder Butterworth-Filter. Die Wahl des Filters hat erheblichen Einfluss auf die Bildgüte der rekonstruierten Daten, insbesondere im Bereich des Niedrigkontrasts.

2.2.3 Bauarten von Röntgen-CTs

In der Entwicklungsgeschichte der Röntgentomografiesysteme unterscheidet man die Aufbauprinzipien konventioneller CTs nach Anordnung und Bewegung von Quelle und Detektor in vier Generationen. Abbildung 2.9 zeigt eine Übersicht. In CT-Systemen der Generationen 1 und 2 wird die Quelle eines Stift- bzw. Teilfächerstrahls in einer Kombination aus Translation und Rotation um das Objekt herumgeführt. Die Geräte der Generationen 3 und 4 nutzen rotierende Quellen mit großen Strahlenfächern. Quelle und Detektor(en) sind im sogenannten Gantry fest miteinander verbunden. Elektronenstrahlröntgentomographen, wie sie für die Kardiologie entwickelt wurden, bilden eine eigenständige fünfte Generation. Sie verfügen über keinerlei mechanisch rotierende Teile. Stattdessen wird einer oder mehrere Elektronenstrahlen auf einem kreisförmigen Target um das Objekt herumgeführt, und damit eine sehr schnell rotierende Röntgenquelle erzeugt. Aufgenommen werden die Daten mit einem stationären Detektorring. Die in dieser Arbeit vorgestellte ultraschnelle Röntgentomografie bedient sich dieses Funktionsprinzips. In der Prozesstomografie sind derzeit CT-Systeme der dritten und vierten Generation etabliert.

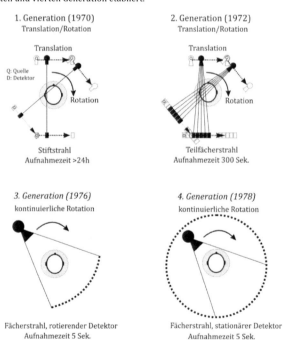

Abbildung 2.9: Bauartgenerationen konventioneller CT-Systeme. 1. Generation: Translations-Rotations-CT: Das Objekt wird mit einem bewegten Stiftstrahl abgetastet. Dann wird das abtastende System einen Winkelschritt gedreht und erneut abgetastet. 2.Generation: Translation-Rotations-CT ähnlich Generation 1, unter Verwendung einer schmalen Fächerstrahlquelle. 3. Generation: kontinuierlich drehendes CT mit rotierendem Quelle-Detektor-Verbund. 4. Generation: kontinuierlich drehendes CT mit stationärem Detektorring.

2.3 Elektronenstrahlen

Die Elektronenstrahl-Röntgencomputertomografie nutzt einen freien Elektronenstrahl zur Erzeugung des Röntgenstrahlungsquellflecks auf dem Target. Abbildung 2.10 zeigt den schematischen Aufbau eines statischen, axialen Elektronenstrahlerzeugers, wie er zum Bau eines Tomografiesystems prinzipiell geeignet ist. Im Unterschied zu konventionellen Röntgenröhren hat die Anode eines solchen Strahlerzeugers ein Loch, durch das der Strahl aus dem Beschleunigungsfeld in den feldfreien Raum austritt. Dort kann er als freier Strahl geformt und abgelenkt werden. Das Bremsstrahlungstarget ist nachgelagert. Um den freien Elektronenstrahl technisch nutzen zu können, muss zunächst die mittlere freie Weglänge der Elektronen in die Größenordnung des technischen Aufbaus gebracht werden. Dies geschieht durch Herabsenken des Gasdrucks innerhalb des Aufbaus, zum Beispiel durch Vakuumpumpsysteme. Andernfalls würden die Elektronen im Strahl sofort mit den umgebenden Gasmolekülen wechselwirken und stünden nicht mehr am Target zur Verfügung. Die folgenden Betrachtungen setzen daher einen Rezipienten mit einem Betriebsdruck $p < 10^{-5}$ mbar voraus.

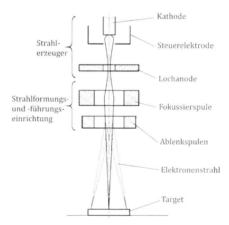

Abbildung 2.10: Schematischer Aufbau eines statischen Elektronenstrahlerzeugers.

2.3.1 Erzeugung eines freien Elektronenstrahls

Die Erzeugung eines freien Elektronenstrahls erfolgt in zwei Schritten. Zunächst müssen freie Elektronen generiert werden. Diese sind dann in einem elektrischen Feld zu beschleunigen und zum Strahl zu formen. Für die einfache technische Realisierung einer Elektronenstrahlquelle für ein tomographisches Messsystem können freie Elektronen durch Glühemission aus einer Wolframkathode gewonnen werden. Dazu wird diese elektrisch geheizt. Die Menge der emittierten Elektronen und damit die Größe des maximal verfügbaren Strahlstromes wird durch die temperaturbestimmte

Sättigungsstromdichte j_{eT} begrenzt. Sie wird beschrieben durch das RICHARDSON-DUSHMAN-Gesetz, hier in vereinfachter Form

$$j_{eT} = 1{,}2 \cdot 10^6 \cdot T^2 \cdot e^{-\left|\frac{e \cdot U_A}{k_B \cdot T}\right|}. \tag{2.10}$$

Darin bezeichnet T die Temperatur und $e \cdot U_A$ die materialabhängige Auslösearbeit für Elektronen aus dem Kathodenmaterial W_A. k_B bezeichnet die Boltzmann Konstante. Man erhält die Emissionsstromdichte in $A \cdot m^{-2}$. Die Emissionsstromdichte ist durch die Heiztemperatur der Glühkathode zur 2. Potenz steuerbar und im Wesentlichen durch die Temperaturstabilität bzw. Verdampfungstemperatur des Kathodenmaterials begrenzt. Daher finden bei Glühkathoden ausschließlich hochschmelzende Materialien wie Wolfram oder Tantal Verwendung. Es können auch Legierungen wie Lanthanhexaborid (LaB$_6$) genutzt werden, um bei niedrigerer Heiztemperatur gleich hohe Emissionsstromdichten zu erzielen. Die Möglichkeit freie Elektronen durch Feldemission zu erzeugen [62], spielt in dieser Arbeit keine Rolle, da die hierfür notwendigen hohen statischen Feldstärken von mindestens $10^8 V/m$ und darüber technisch schwer zu erzeugen sind.

Werden aus der Emissionsfläche einer Glühkathode Elektronen ausgelöst, so bildet sich über der Oberfläche eine Elektronenwolke. Wird diese nicht durch ein Beschleunigungsfeld abgesaugt, so begrenzt bzw. unterdrückt die Raumladung dieser Elektronenwolke auch unterhalb der thermischen Sättigungsstromdichte eine weitere Emission freier Elektronen. Diese raumladungsbegrenzte Emissionsstromdichte j_{eQ} gehorcht dem CHILD-LANGMUIRschen Gesetz

$$j_{eQ} = 2{,}3 \cdot 10^{-6} \cdot K \cdot U_B^{3/2}. \tag{2.11}$$

Hierbei bezeichnet U_B die Beschleunigungsspannung der Anordnung und K einen Geometriefaktor in der Einheit cm^{-2}. Durch Verwendung einer kleinflächigen Kathode und geeigneter Anodengeometrien, die zu einer starken Krümmung der Feldlinien führen, lässt sich die raumladungsbegrenzte Emissionsstromdichte erheblich erhöhen.

Im Strahlerzeuger wird aus der Elektronenwolke vor der Emissionsfläche der Kathode mit Hilfe eines beschleunigenden und zugleich fokussierenden elektrostatischen Hochspannungsfeldes ein Strahl geformt. Ein elektrostatischer Strahlerzeuger besteht im einfachsten Fall neben der Kathode aus einer Anode, die den positiven Pol des Beschleunigungsfeldes darstellt. Sie besitzt in der Regel in der Mitte eine Bohrung, durch die der Elektronenstrahl in den feldfreien Raum vor dem Strahlerzeuger hindurch treten kann, und die nachgelagerten Strahlformungs- und -steuerungselemente passieren kann.

Der Elektronenstrahl kann auf verschiedene Weisen geschaltet werden. Erstens durch Einschalten des Heizstroms und damit Starten der Glühemission bei vorhandenem Beschleunigungsfeld. Zweitens kann bei bereits gestarteter Glühemission das Beschleunigungsfeld zugeschaltet werden. Erstere Variante unterliegt thermischer Trägheit. Letztere Variante durchläuft undefinierte elektronenoptische Zustände. Um den Elektronenstrahl definiert an- und auszuschalten sind deshalb so genannte Triodensysteme entwickelt worden. Bei diesen befindet sich vor der Kathode ein Steuergitter, der so genannte Wehneltzylinder. Das Potential des Steuergitters ist niedriger (negativer) als das der Kathode und wirkt daher als Sperrpotential für die vor der Kathode befindliche Elektronenwolke. Der Elektronenstrahl aus dem Triodensystem lässt sich in seiner Stromstärke durch Variieren dieses Sperrpotentials von Null bis zum Maximalstrom steuern. Dabei ist es auch möglich, den Strahl innerhalb weniger Millisekunden abrupt ein- bzw. auszuschalten. Abbildung 2.11 zeigt für drei exemplarische Wehneltpotenziale den Feldverlauf vor der Kathode und verdeutlicht damit die Steuerfunktion. Ist das Steuerelektrodenpotenzial hinreichend negativ gegenüber der Kathode (2.11a), dann sperrt das Gitter. Die Elektronen gelangen nicht in das Beschleunigungsfeld und der Strahlstrom ist gleich Null. Steigt das Potential des Wehnelt an, dann beginnt zunächst ein kleiner Bereich im Zentrum der Kathode zu emittieren (2.11b) bis schließlich bei weiterem Anstieg die gesamte Kathodenfläche zum Strahlstrom beiträgt (2.11c).

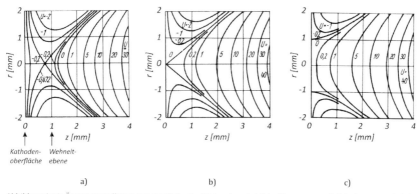

a)   b)   c)

Abbildung 2.11: Äquipotenziallinien vor der Kathodenfläche eines Axialstrahlerzeugers mit Triodensystem bei drei verschiedenen Steuerspannungen. r bezeichnet den Radius der Kathodenstirnfläche, z ist die Axialkoordinate im Strahlerzeuger vor der Kathodenfläche. U bezeichnet Werte von Äquipotenziallinien. a) negatives Steuerpotenzial – Strahlstrom ist gesperrt; b) Steuerpotenzial angehoben auf Potenzial 0 im Zentrum der Kathode – Beginn der Emission bei r = 0; c) positives Steuerpotenzial – Strahlstromemission auf der gesamten Kathodenfläche. (entnommen [62]).

Der Strahlstrom I_B lässt sich in Abhängigkeit von der Wehneltspannung U_S und dem Sperrpotential U_{Sperr} mit

$$I_B = G \cdot \left(U_S - U_{Sperr}\right)^{\frac{3}{2}} \qquad (2.12)$$

berechnen [62]. G ist hier ein Geometriefaktor, in dem die Anordnung der Elektroden und die Form der Kathodenemissionsfläche berücksichtigt werden. Der Exponent gilt nur bei Raumladungsbegrenzung der Elektronenwolke vor der Emissionsfläche, d. h. bei hinreichend überheizter Kathode ohne thermische Begrenzung der Emission. In diesem Fall gelingt eine sehr feine Strahlstromsteuerung bis zu sehr geringen Strahlströmen. In der Praxis werden Elektronenstrahlerzeuger mit Triodensystem oft im so genannten Raumladungsbetrieb gefahren, d. h. die von der Kathode erzeugte Elektronenwolke wird durch geeignete Wahl der Gitterspannung nie vollständig vom Beschleunigungsfeld abgesaugt, was zu einer „Verschlankung" des Strahls führt. Ein Strahlerzeuger wird durch die Raumladungskonstante oder Perveanz p charakterisiert. Sie beschreibt die Strahlaufweitung pro Länge des Strahls und ist definiert als

$$p = I_B \cdot U_B^{-\frac{3}{2}}. \qquad (2.13)$$

Dabei ist I_B der Strahlstrom und U_B die Beschleunigungsspannung. Die Perveanz ist ausschließlich vom Verhältnis von Beschleunigungsspannung zu Strahlstrom abhängig und charakterisiert damit indirekt die Raumladungsbegrenzung eines Strahlerzeugers. Die Güte eines Elektronenstrahls aus einem axialen statischen Erzeuger wird durch den minimalen Strahldurchmesser und den Richtstrahlwert charakterisiert. Bei der Erzeugung von freien Elektronen werden diese aufgrund der thermischen Richtungs- und Geschwindigkeitsverteilung in den gesamten Halbraum vor der Kathodenfläche emittiert. Bei Durchlaufen des Beschleunigungsfeldes zwischen Kathode und Anode wird dieser Raumwinkel erheblich reduziert. Es kann dann die Apertur α des Erzeugers mit

$$\alpha = \frac{\pi}{2} \cdot \sqrt{\frac{U_0}{U_B}} \qquad (2.14)$$

angegeben werden, wobei

$$U_0 = \frac{m_e \cdot v^2}{2 \cdot e} \qquad (2.15)$$

die der Anfangsenergie der ausgelösten Elektronen äquivalente Potenzialdifferenz ist. Die Apertur hängt wesentlich von der Beschleunigungsspannung U_B ab. Ein Elektronenstrahlerzeuger stellt optisch ein Immersionssystem dar, d. h. im feldfreien Raum hinter der Anode wird ein vergrößertes Bild der Kathode erzeugt. Die Emissionsstromdichte der Kathode j_e wird über die Apertur in eine Stromdichte des Brennflecks j_B umgesetzt. Als charakteristischer Parameter des Strahlerzeugers kann der Richtstrahlwert R mit

$$R = \frac{j_B}{\pi \cdot \alpha^2} \qquad (2.16)$$

angegeben werden. Der Richtstrahlwert bezeichnet eine Stromdichte pro Raumwinkel und ist eine Erhaltungsgröße. Das heißt, der Richtstrahlwert ist im gesamten Elektronenstrahlsystem, auch bei Strahlformung und -führung konstant. Der sich im weiteren Verlauf entlang der optischen Achse im feldfreien Raum stetig vergrößernde Brennfleck ist auch wegen der abnehmenden Stromdichte für die Nutzung als Röntgenbrennfleck zunächst eher uninteressant. Es wird der kleinste Strahldurchmesser im Erzeuger als Objekt für die nachgelagerte Elektronenoptik benutzt.

Der Brennfleck stellt ein strahlenoptisches Abbild der Kathode auf dem Röntgentarget dar. Sein Durchmesser d_B kann mit Hilfe der Apertur α, der Beschleunigungsspannung und des Kathodendurchmessers d_K nach

$$d_B = \frac{d_K}{\alpha} \sqrt{\frac{U_0}{U_B}} \tag{2.17}$$

berechnet werden.

2.3.2 Strahlformung und Ablenkung

Verlässt der Elektronenstrahl den Strahlerzeuger durch die Anodenbohrung in den feldfreien Raum, so passiert er die Strahlführungseinrichtungen, die die Strahlparameter des Erzeugers in die Parameter am Target übersetzen. Die Flugbahn der Elektronen im Strahl wird dabei durch Magnetfelder und Nutzung der Lorentzkraft

$$\vec{F}_L = e \cdot (\vec{v} \times \vec{B}) \tag{2.18}$$

beeinflusst. Dabei kommen Elemente der Elektronenoptik zum Einsatz. Man unterscheidet zwischen Strahlformungseinrichtungen wie Zentrierung, Fokussierung und Astigmierung und der Strahlführungseinrichtung (Ablenkung in der x-y Ebene). Die Zentrierung, welche ebenfalls eine geringe Verschiebung des Strahls in der x-y-Ebene nahe des Erzeugers erzielt, wird zur Strahlformung gezählt, da die präzise Lage des Strahls auf der optischen Achse entscheidenden Einfluss auf die Form des Brennflecks und seine verzerrungsfreie Justierbarkeit in der danach folgenden Elektronenoptik hat. Das einfachste elektronenoptische Element ist eine Luftspule (Abbildung 2.12). Sie stellt eine magnetische Linse dar. Durchläuft ein Elektronenstrahl eine magnetische Linse, so erfährt er neben der Bündelung auch eine Drehung. Hierbei machen sich eventuelle Formfehler im Strahl und Abweichung von der optischen Achse bemerkbar. An elektronenoptischen Linsen gilt das Abbildungsgesetz ähnlich der Lichtstrahlenoptik (Abbildung 2.12b). Die Brennweite einer Linsenspule lässt sich nach Schiller [62] mit der Formel

$$f = \frac{8 \cdot \frac{m_e}{e} \cdot U_B}{\int_{-\infty}^{\infty} B^2(z)dz} \tag{2.19}$$

berechnen. Hierbei ist $B(z)$ die magnetische Flußdichte entlang der z-Achse. Man sieht, dass die von der Beschleunigungsspannung U_B abhängige Brennweite über das B-Feld quadratisch mit dem Spulenstrom beeinflusst werden kann.

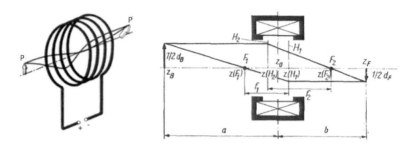

Abbildung 2.12: Elektronenoptische Abbildung an einer einfachen Luftspule a) Rotation eines Elektronenstrahlbündels bei Passage einer Linsenspule. Anhand eines Objekts P ist die Verdrehung des Bildes dargestellt. Ursache ist die gleichzeitige Tangentialbewegung der Elektronen bei der Bündelung im Feld. b) Schema der Abbildungsgeometrie. Der Brennfleck mit dem Durchmesser d_B am Ort z_B wird im Ort z_F mit dem Durchmesser d_F abgebildet. H_1 und H_2 bezeichnen die Hauptebenen der Linsenspule (entnommen aus [62], S. 85).

Die verschiedenen Wirkungen elektronenoptischer Elemente wie Zentrieren, Fokussieren oder Ablenken werden durch Kombinationen von Spulen, teilweise mit Eisenkernen bzw. mit magnetischem Rückschluss mehrerer Spulen zu Paketen, erreicht. Deren Anordnungen sowie Auslegungsformeln sind in [62], [63] und [64] ausführlich beschrieben. Abbildung 2.13 zeigt als Beispiel den prinzipiellen Aufbau eines Stigmators und eines Ablenkspulenpakets. Bei einem Stigmator wird durch paarweise Anordnung gegenüberliegender gleicher magnetischer Pole eine Stauchung oder Dehnung des Elektronenstrahls erreicht, wodurch es gelingt einen durch Abbildungsfehler deformierten Strahl wieder kreisrund zu korrigieren. Werden einander mit ungleichen Polen gegenüberliegende Spulenpakete kombiniert, dann erreicht man eine Ablenkung des Elektronenstrahls quer zu den Feldlinien (Abbildung 2.13b).

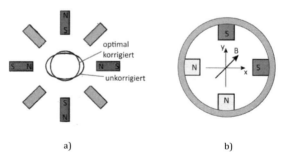

a)   b)

Abbildung 2.13: Spulenkombinationen für elektronenoptische Komponenten a) Stigmator, Kombination aus vier Spulenpaaren, gegenüberliegende Pole sind gleich. Der Strahl wird azimutal geweitet oder eingeschnürt. b) Ablenkpaket, Gegenüberliegende Pole sind verschieden. Der B-Feldvektor lässt sich in zwei Achsen drehen.

2.3.3 Wirkung am Target

Beschleunigte Elektronen der Energie

$$E_{KIN} = e \cdot U_B \qquad (2.20)$$

die auf das Targetmaterial treffen, werden entweder rückgestreut oder dringen in das Target ein. Ein sehr kleiner Teil verlässt das Material als Sekundärelektron oder thermisches Elektron wieder. Der Großteil wird absorbiert oder durchdringt das Material. Abbildung 2.14 illustriert diese Vorgänge. Es gilt:

$$\eta_R + \eta_A + \eta_T = 1 \qquad (2.21)$$

mit η_R - Rückstreukoeffizient, η_A - Absorptionskoeffizient, η_T - Transmissionskoeffizient.

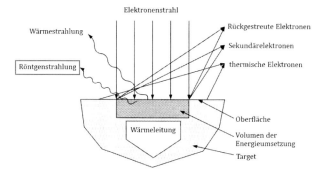

Abbildung 2.14: Wirkungen des Elektronenstrahls beim Auftreffen auf Materie.

Die dabei stattfindenden Wechselwirkungsprozesse sind ausführlich in [65] beschrieben. Abbildung 2.15 zeigt eine Übersicht.

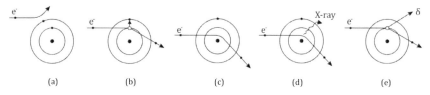

Abbildung 2.15: Wechselwirkungen eines Elektrons mit Atomen des Targetmaterials (a) elastische Streuung; (b) Anregung von Hüllenelektronen; (c) elastische Coulombstreuung; (d) Inelastische Coulombstreuung mit Erzeugung von Röntgenbremsstrahlung; (e) Ionisation mit Sekundärelektron.

Die absorbierten Elektronen wechselwirken durch verschiedene Streuprozesse mit den Atomen des Targetmaterials und geben dabei ihre Energie an dieses ab. Durch inelastische Coulombstreuung wird ein kontinuierliches Spektrum an Bremsstrahlung erzeugt (siehe 2.1.1). Diese wird am Ort der Entstehung isotrop abgestrahlt, allerdings kommt es durch Wechselwirkungen der Röntgenphotonen mit den Atomen des Targetmaterials zu einer richtungsabhängigen Absorption der Bremsstrahlung im Target selbst. Diese Eigenabschirmung wird als HEEL-Effekt bezeichnet (Abbildung 2.16).

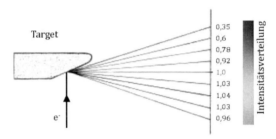

Abbildung 2.16: HEEL-Effekt. Intensitätsverteilung an einem Target (Intensitäten normiert auf 100% im lotrechten Strahl). In Richtung kleiner Austrittswinkel wird die Bremsstrahlung durch das Target selbst abgeschirmt. Es entsteht der so genannte Anodenschatten (Intensitätswerte oberhalb der Waagerechten).

Hauptsächlich jedoch wird die elektrische Energie des Elektronenstrahls in Wärme umgesetzt. Die Energieabsorption im Targetmaterial lässt sich in guter Näherung zunächst als applizierte Leistung P_0 pro Volumen beschreiben und mit

$$p_A = \frac{P_0}{V} = \frac{\eta_A \cdot U_B \cdot j_{Bmax}}{S} \qquad (2.22)$$

grob abschätzen. j_{Bmax} ist die maximale Strahlstromdichte, η_A der Wirkungsgrad der Absorption. S bezeichnet die Eindringtiefe der Elektronen in das Targetmaterial. Diese hängt von der Beschleunigungsspannung und der Materialdichte ab. Da in verschiedenen Energiebereichen unterschiedliche Wechselwirkungsmechanismen dominieren, werden in der Literatur verschiedene Näherungsformeln zur Berechnung von S wie folgt angegeben:

$$S \approx 2,1 \cdot 10^{-8} \cdot \frac{U_B^2}{\rho} \; ; \quad f\ddot{u}r \; 10 \; keV \leq e \cdot U_B \leq 100 \; keV, \qquad (2.23)$$

$$S \approx 6,67 \cdot 10^{-7} \frac{U_B^{5/3}}{\rho} \; ; \quad f\ddot{u}r \; 100 \; keV \leq e \cdot U_B \leq 1000 \; keV, \qquad (2.24)$$

$$S \approx \frac{1}{\rho}(5,1 \cdot 10^{-3} \cdot U_B - 0,26) \; ; \quad f\ddot{u}r \; e \cdot U_B \geq 1000 \; keV. \qquad (2.25)$$

Hierbei sind die Beschleunigungsspannung U_B in V und die Dichte ρ in $g \cdot cm^{-3}$ einzusetzen. Die Eindringtiefe S ergibt sich dann in μm. In der Praxis ist die Absorption allerdings nicht gleichmäßig über dem Strahldurchmesser und der Eindringtiefe verteilt. Sie ist eine Funktion des Strahlradius r und der Tiefe z. Die Strahlstromdichte eines fokussierten Elektronenstrahls im Brennfleck gehorcht wegen der MAXWELLschen Geschwindigkeitsverteilung der emittierten Elektronen ideal einer Normalverteilung [62]

$$j_B(r) = j_{Bmax} \cdot e^{-\left(\frac{r}{r_F}\right)^2},$$
(2.26)

wobei r_F der definierte Radius des Strahls im Brennfleck mit $\frac{j}{j_B} = \frac{1}{e}$ (ca. 37% j_{Bmax}) ist [63]. Abbildung 2.17a zeigt diese Strahlstromdichteverteilung. Elektronen sind geladene Teilchen. Deshalb erfolgt ihre Energieabgabe beim Eindringen in das Targetmaterial nicht linear, sondern steigt zunächst je Volumenelement von ca. 60% des Maximalwerts an und weist bei rund $S/3$ ein Maximum der absorbierten Leistung mit

$$p_{Amax} = \frac{1{,}45}{S} \cdot \eta_A \cdot U_B \cdot j_{B0}$$
(2.27)

auf. Danach fällt sie monoton bis auf null bei $z = S$ ab. Es zeigt sich ein typischer Verlauf der Funktion $p_A(z)$ nach Abbildung 2.17b, der von der Höhe der Beschleunigungsspannung weitestgehend unabhängig ist.

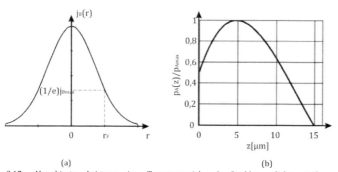

(a)   (b)

Abbildung 2.17: Absorbierte Leistung im Targetmaterial. a) Strahlstromdichteverteilung $j_B(r)$ im Röntgenbrennfleck als Funktion des Brennfleckradius. b) Entlang des Eindringwegs pro Volumenelement absorbierte Leistung $p_A(z)$, normiert auf den Maximalwert p_{Amax}. Typischer Kurvenverlauf, mit Maximum bei $1/3 \, z_{max}$.

Die hohe Energiedichte würde das Targetmaterial im Wechselwirkungsvolumen blitzartig über die Schmelz- bzw. Sublimationstemperatur hinaus erhitzen und zerstören. Deshalb wird in konventionellen Röntgenröhren das Prinzip der Drehanode angewandt. Indem das Target unter dem Röntgenquellfleck rotiert, wird der Temperatureintrag auf einen so genannten Brennring verteilt.

Es stellt sich ein typischer Temperaturverlauf für mehrere aufeinanderfolgende Durchläufe des Brennflecks nach Abbildung 2.18 ein.

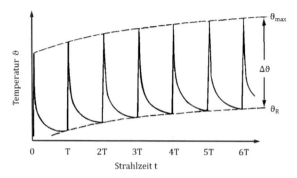

Abbildung 2.18: Temperaturverlauf ϑ für mehrere aufeinanderfolgende Brennfleckumläufe auf dem Target. ϑ_R bezeichnet die Brennringtemperatur, $\Delta\vartheta$ den Temperaturhub an der Oberfläche des Targets. ϑ_{max} ist die maximal auftretende Temperatur im Brennfleck. Eine typische Periodendauer dieses Temperaturverlaufs sind T=6-20 ms.

Bei Drehanodendrehzahlen von typischerweise 3000 min^{-1} bis 9000 min^{-1} erfolgt der Temperatureintrag quasi-adiabat, d. h. es kann in der Kürze der Zeit kaum Wärmeleitung in den Targetkörper erfolgen. Deshalb bilden sich typische Spitzen im Temperaturverlauf im Material an der Targetoberfläche aus. Es ist erkennbar, dass die Brennringtemperatur ϑ_R zunehmend ansteigt und in gleichem Maße die Maximaltemperatur ϑ_{max}. Gleichwohl ist die Temperatur im betrachteten Voxel bereits vor dem nächsten Umlauf des Brennflecks wieder auf die Brennringtemperatur abgeklungen. Nach mehreren Umläufen stellt sich ein thermisches Gleichgewicht zwischen der zugeführten Wärmeleistung durch den Brennfleck und der durch Wärmeleitung an das Targetkühlsystem sowie durch Wärmestrahlung in den Halbraum über dem Target abgeführten Wärmeleistung ein.

Die Größe des Brennflecks auf dem Target hat wesentlichen Einfluss auf die Röntgenphotonenflussdichte und die Ortsschärfe der Röntgenprojektion. Sie lässt sich experimentell zum einen indirekt durch Beobachtung des Glühbildes* einschätzen. Zum anderen kann mittels geeigneter Elektroden der Zeitverlauf des Strahlstromsignals vermessen werden [66], [63]. Letztere Variante wird in dieser Arbeit angewandt um den Brennfleck auf dem Target zu charakterisieren. Sie ist in Absatz 3.4.6 beschrieben.

---

* Das Glühbild ist hier nicht auf das tatsächliche Glühen des Targetmaterials zurückzuführen, sondern entsteht wesentlich durch Übergangsstrahlung, auch bezeichnet als Lilienfeldstrahlung [67].

Kapitel 3

Entwicklung des ROFEX-Scanners für die ultraschnelle Röntgencomputertomografie

Kern dieser Arbeit ist die gerätetechnische Entwicklung des ROFEX-Scanners (ROssendorf Fast Electron beam X-ray tomograph), der am Institut für Fluiddynamik des HZDR speziell zur Messung von Zweiphasenströmungen genutzt wird. In diesem Kapitel wird das Grundprinzip erläutert, es werden wesentliche Komponenten der gerätetechnischen Umsetzung beschrieben und die Leistungsparameter diskutiert. Es werden ferner wesentliche Schritte der Datenverarbeitung und –auswertung erklärt.

3.1 Messprinzip

Der konzeptionelle Ansatz zur Entwicklung eines schnellen Röntgen-CTs, das den Anforderungen in 1.4 genügt, liegt in der Nutzung eines freien Elektronenstrahls im Vakuum, der mittels geeigneter Strahlformungs- und -führungseinrichtungen schnell auf einem das Objekt umschließenden, ringförmig ausgedehnten Röntgentarget entlang bewegt wird (Abbildung 3.1a). Dadurch können Projektionsdatensätze mit sehr hoher Folge erfasst werden und Schnittbildraten von mehr als 1000 pro Sekunde erreicht werden. Wird der Elektronenstrahl in zwei Achsen abgelenkt, erhält ein solches System eine hohe Flexibilität. Es können jederzeit beliebige Ablenkmuster, d. h. Brennfleckbahnen, gesteuert werden. Dabei lassen sich durch die gute Fokussierbarkeit eines Elektronenstrahls Brennfleckgrößen im Submillimeterbereich erreichen. Im Zusammenwirken mit einem schnell abtastenden mehrkanaligen Röntgenringdetektor mit Pixelgrößen von rund einem Millimeter lässt sich eine sehr gute Ortsauflösung erreichen. Als Strahlquelle eignen sich prinzipiell Elektronenstrahlkanonen für das Elektronenstrahlschweißen. Sie gehorchen den notwendigen konstruktiven Prinzipien und verfügen über die gewünschte hohe Strahlgüte [62]. Für die Erfassung eines vollständigen Projektionsdatensatzes muss das ringförmige Röntgentarget in Durchmesser und Sektorwinkel so optimiert werden, dass der seitlich herangeführte Elektronenstrahl mit seinem Brennfleck den mindestens notwendigen Projektionswinkel (180°+Strahlfächerwinkel, siehe 2.2.1) überstreichen kann, ohne durch das Objekt selbst abgeschattet zu werden. Die technisch sehr aufwendige Verwendung eines zweiten Elektronenstrahls, der 180° phasenversetzt zum ersten über das Target läuft, wird dadurch vermieden. Die aus dem Brennfleck auf dem Target emittierte Strahlungskeule durchdringt das im Zentrum angeordnete Objekt. Die durch das Objekt geschwächte Strahlungsintensität kann dahinter von einem fest stehenden Ringdetektor gemessen werden. Aus dem Datensatz eines Umlaufs des Elektronenstrahls um das Objekt lässt sich schließlich ein Schnittbild der Verteilung   der Strahlschwächung in diesem Objekt rekonstruieren. Dieses Bauprinzip eines CTs ist im Bereich der Kardiologie bekannt [42].

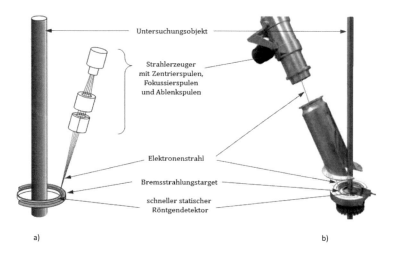

a)   b)

Abbildung 3.1: Aufbau des ROFEX. a) Prinzip, b) CAD-Darstellung des Geräts

Der Röntgen-Scanner ROFEX besteht aus den Hauptkomponenten

- CT-Scanner, bestehend aus Elektronenstrahlerzeuger mit Strahlformungs- und -führungseinrichtungen, Scannerkopf mit Röntgentarget und schnellem mehrkanaligem Röntgendetektor;

- Hochspannungserzeuger, Leistungsverstärker für die Elektronenoptik, Vakuumsystem und Detektorelektronik;

- Steuer- und Datenerfassungscomputer.

Abbildung 3.2 zeigt ein Blockschema.

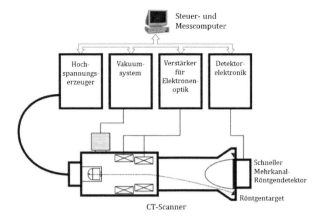

Abbildung 3.2: Blockschema des ROFEX Scanners.

Die Komponenten Strahlerzeuger, Röntgentarget und Detektor werden im Folgenden ausführlich diskutiert.

3.2 Komponenten des ROFEX

3.2.1 Elektronenstrahlerzeuger

Das Funktionsprinzip des ROFEX sieht die Nutzung eines freien Elektronenstrahls zur Erzeugung des Röntgenbrennflecks vor. Der Strahl wird elektromagnetisch abgelenkt und vollführt, ähnlich der mechanisch rotierenden Röntgenröhre im konventionellen CT, eine kontinuierliche Kreisbewegung auf dem Target. Deshalb kommt ein elektrostatischer Beschleuniger mit Dauerstrahl (eine sogenannte Elektronenkanone) zum Einsatz. Die Forderung nach hoher Ortsauflösung des Tomografiesystems bedingt eine möglichst kleine, punktförmige Bremsstrahlungsquelle mit einer symmetrischen Emissionsstromdichte. Ein solcher Röntgenbrennfleck wird mit dem Axialstrahlerzeuger erzielt, dessen strahlerzeugende Komponenten und dessen elektrostatisches Feld rotationssymmetrisch sind. Die Punktform des Röntgenbrennflecks gelingt durch Glühemission aus einer indirekt geheizten Kleinflächenbolzenkathode aus Wolfram, wie sie in [62] Seite 41 ff. beschrieben ist. Sie hat den Vorteil der kreisrunden, definierten Emissionsfläche (Stirnseite), wodurch ein kreisrunder Strahlquerschnitt erreicht wird. Der Kathodenbolzen (Primärkathode) ist radial von einer elektrisch beheizten Wolframdrahtwendel, der so genannten Hilfskathode, umgeben. Zwischen Primärkathode und direkt elektrisch geheizter Hilfskathode liegt ein Stoßpotential von 1,5 kV. Dadurch werden die aus der Hilfskathode thermisch ausgelösten Elektronen auf die Mantelfläche des Kathodenbolzens beschleunigt (Elektronenbombardement). Es findet eine Aufheizung des Kathodenbolzens statt, der in der Folge aus seiner Stirnfläche Elektronen emittiert. Abbildung 3.3 zeigt den Aufbau. Die indirekt geheizte

Kleinflächenbolzenkathode hat eine längere Lebensdauer als so genannte Bändchenkathoden, die direkt beheizt werden. Sie erreicht aber einen insgesamt schlechteren Heizwirkungsgrad von $2\ mA$ Strahlstrom pro Watt Heizleistung. Die temperaturbestimmte Sättigungsstromdichte für Wolfram liegt nach Gleichung 2.10 bei ca. $100\ mA$ pro mm^{-2} Emissionsfläche. Aus dem Kathodenbolzen des ROFEX mit dem Durchmesser 1,0 mm lassen sich rund 78 mA Strahlstrom erzeugen. Mit einfacher aufgebauten, direkt geheizten Bändchenkathoden lässt sich dieser Wert bei vergleichbarer Emissionsfläche zwar übertreffen, aber die nicht runde Form der Emissionsfläche zwingt zur Verwendung eines Stigmators, um einen kreisrunden Strahlquerschnitt mit rotationssymmetrischer Stromdichteverteilung zu erreichen. Direkt geheizte Haarnadelkathoden mit kreisrunden Emissionsflächen vermeiden zwar Astigmatismus, aber aus ihnen lassen sich nur sehr geringe Strahlströme generieren.

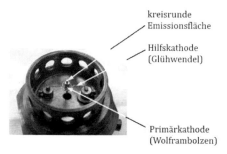

kreisrunde
Emissionsfläche

Hilfskathode
(Glühwendel)

Primärkathode
(Wolframbolzen)

Abbildung 3.3: Kathodensystem des ROFEX. Primärkathode, indirekt über Hilfskathode durch Elektronenbombardement geheizt. Die kreisrunde Emissionsfläche des Wolframbolzens erzeugt einen Strahl mit rotationssymmetrischer Stromdichteverteilung.

Die Lebensdauer dieses Kathodensystems wird physikalisch von zwei Effekten begrenzt. Zum einen vom Verdampfen des Kathodenmaterials in Folge der hohen Temperatur. Zweitens durch Zerstäuben der Kathode infolge des Ionenbeschusses. Das Verdampfen kann praktisch kaum vermieden werden, da ein dazu notwendiges Absenken der Kathodentemperatur den Arbeitspunkt in Richtung der thermisch begrenzten Sättigungsstromdichte verschieben würde, was zu geringeren Strahlströmen und letztlich auch zu einer Vergrößerung des Strahldurchmessers bei Eintritt in die Elektronenoptik führen würde. Das Zerstäuben der Kathode ist der hauptsächliche, die Lebensdauer begrenzende Effekt. Elektronen ionisieren auf ihrem Weg durch das Beschleunigungsfeld im Vakuum befindliche, residuale Gasmoleküle. Die dabei entstehenden Ionen werden im Feld entgegen dem Elektronenstrahl in Richtung Kathode beschleunigt. Sie schlagen in die Emissionsfläche ein und zerstäuben das Kathodenmaterial, was zur Ausbildung eines so genannten Ionenkraters führt. Durch diesen Ionenkrater wird langfristig die nutzbare Emissionsfläche verkleinert. Das führt zu einer Absenkung der Emissionsstromdichte. Meist werden Bolzenkathoden aus diesem Grund schon weit vor einem thermischen Verschleiß ersetzt. Der Zerstäubung durch Ionenbeschuss kann durch sehr geringe Gasdrücke $<10^{-7}$ mbar im Strahlerzeuger entgegengewirkt werden, allerdings gilt es hier, einen sinnvollen Kompromiss zum technischen Aufwand der Vakuumpumpsysteme zu finden. Die Lebensdauer der Kathode des ROFEX wird maßgeblich vom Arbeitszyklus und von den für die tomografischen Messungen genutzten Strahlströmen bestimmt. Der periodische Messbetrieb des ROFEX mit kurz aufeinander folgenden thermischen Zyklen verkürzt die Lebensdauer auf maximal 1000 Stunden Heizbetrieb.

Im ROFEX findet ein Triodensystem Verwendung, da für die Aufnahme von Projektionsdatensätzen eines Strömungsvorgangs zu einer bestimmten Zeit die leichte Strahlsteuerung von Vorteil ist. Ein solcher Strahlerzeuger besitzt außerdem eine Eigenfokussierung durch den charakteristischen konkaven Feldlinienverlauf (vgl. Abb. 2.10). Damit wird eine inhärent hohe Strahlgüte im Erzeuger erreicht und der Aufwand bei der nachgelagerten Strahlformung reduziert. Allerdings verändert die Strahlstromsteuerung über Steuerspannungsänderungen auch die Bedingungen für die Formierung des Strahls und damit direkt auch die Brennflecklage im Strahlerzeuger. Dem wird konstruktiv durch eine spezielle Form und Anordnung von Wehneltzylinder und Anode entgegengewirkt. Der im ROFEX verbaute Strahlerzeuger erlaubt eine Strahlstromsteuerung ohne wesentliche Änderung der Brennflecklage und stellt Strahlströme bis maximal 65 mA zur Verfügung. Er ist für eine Beschleunigungsspannung von 150 kV ausgelegt. Damit hat das System eine sehr niedrige Perveanz nach Gleichung 2.13 von $1,1 \cdot 10^{-9} A \cdot V^{-3/2}$. Das heißt, der Einfluss der Eigenraumladung der Elektronen im Strahl spielt eine untergeordnete Rolle. Das System besitzt eine geringe Eigendefokussierung. Dies ist Voraussetzung, um mit den Strahlformungs- und –führungseinrichtungen einen kleinen Röntgenquellfleck hoher und rotationssymmetrischer Emissionsstromdichte auf das Target projizieren, und damit ein leistungsfähiges CT aufbauen zu können. Abbildung 3.4 zeigt eine Schnittdarstellung des Strahlerzeugers im ROFEX.

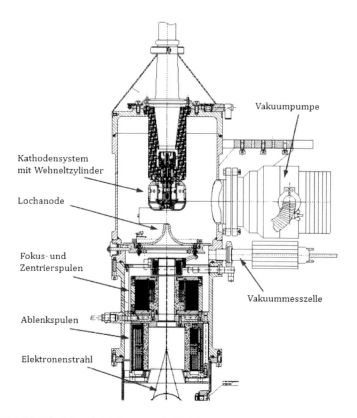

Abbildung 3.4: Schnittdarstellung des Strahlerzeugers im ROFEX.

Im feldfreien Raum hinter der Lochanode sind zunächst die Zentrierspulen angeordnet, gefolgt von einer statischen Linse. Durch die Verwendung einer kreisrunden Kleinflächenkathode kann auf einen statischen Stigmator verzichtet werden. Ein dynamischer Stigmator ist ebenso wie eine dynamische Linse nicht vorhanden. Dadurch kann die Weglängenänderung des Elektronenstrahls zur Targetoberfläche während eines Umlaufs und die damit verbundene ständige Änderung des Brennfleckdurchmessers nicht kompensiert werden. Untersuchungen dazu (vgl. 3.4.6) haben allerdings nur einen geringen Einfluss auf die Brennfleckgröße gezeigt.

Das nachgelagerte Ablenkspulensystem erlaubt die Ablenkung des Elektronenstrahls in zwei Achsen (x und y). Der Tangens des Ablenkwinkels θ kann nach [62] mit

$$tan\,\theta = \left(\frac{l \cdot cos\,0{,}5(\varphi_1 + \varphi_2) \cdot N \cdot I}{8{,}3 \cdot r_W \cdot \sqrt{U_B}} \right) \tag{3.1}$$

berechnet werden. φ_1 und φ_2 sind Start- bzw. Endposition der Ablenkspulenwickel. Je größer der vom Spulenwickel überspannte Winkel desto größer der maximal mögliche Ablenkwinkel. r_w bezeichnet den Radius des Spulenwickels. Aus Gleichung 3.1 ist ersichtlich, dass der Ablenkwinkel bei gegebener Beschleunigungsspannung u. a. durch hohen magnetischen Fluss $\phi = L \cdot I$ und damit hoher Selbstinduktivität L des Spulenpakets sowie mit einem kleinen Wickelradius r_w erzielt werden kann. Dem entgegen steht der Wunsch nach hoher Ablenkfrequenz und damit geringer Selbstinduktivität L der Spulen, damit die Ablenkverstärker die induktive Last bis zu hohen Frequenzen treiben können. Im ROFEX wird ein Ablenkwinkel von je 34° Vollwinkel in den Achsen x und y erreicht. Durch die geringe Induktivität von 280 µH können diese Ablenkwinkel bis zu Ablenkfrequenzen von ca. 12 kHz (obere Grenzfrequenz) erreicht werden. Der Ablenkwinkel bestimmt zusammen mit der maximal gewünschten Objektgröße wesentlich die Zeigerlänge des Strahls und damit die Baulänge das Tomografenkopfes.

Elektronenoptische Abbildungen unterliegen ähnlich der Lichtoptik verschiedenen Abbildungsfehlern. Wesentlich sind Öffnungs- und Farbfehler. Diese sind ausführlich in [62] beschrieben. Durch die Zeigerlänge des freien Elektronenstrahls im ROFEX von ca. 1,5 m führen Öffnungsfehler der Linse sowie Farbfehler der Ablenkung zu einem minimalen Brennfleck auf dem Target, der nicht unterschritten werden kann. Farbfehler äußern sich in einer Streuung Auftrefforts der Elektronen auf dem Target und eine daraus resultierende Aufweitung des Brennflecks in Abhängigkeit vom Ablenkwinkel bei Elektronen unterschiedlicher Energie. Mit wachsendem Ablenkwinkel kommt es zu einer Verzerrung (Stigmierung) des kreisrunden Brennflecks. Bei wachsendem Strahlstrom kommt es ebenfalls zu einer Brennfleckaufweitung infolge der Raumladungsbegrenzung, d. h. der gegenseitigen elektrostatischen Abstoßung der Elektronen im Strahl. Kapitel 3.4.6 zeigt Ergebnisse der Brennfleckvermessungen in Abhängigkeit vom Strahlstrom und Ort auf dem Target.

Der gesamte Strahlerzeuger befindet sich in einem vakuumdichten Druckgefäß und wird über ein Vakuumpumpsystem auf einem Arbeitsdruck von $< 5 \cdot 10^{-6}$ mbar gehalten. Als Messzelle für den Gasdruck kommt eine ITR 90 Sonde von Leybold zum Einsatz, die eine Pirani-Zelle (Wärmeleitungsvakuummeter) und ein Ionisationsvakuummeter mit Glühemission nach BAYARD-ALPERT für Gasdrücke unterhalb 10^{-4} mbar kombiniert.

3.2.2 Röntgentarget

Das Röntgentarget dient der Erzeugung von Röntgenstrahlung, indem die auf das Target auftreffenden schnellen Elektronen aus dem Elektronenstrahl abgebremst werden. Aus Gleichung (2.2) folgt, dass das Target aus einem Material hoher Ordnungszahl bestehen muss, um eine hohe Röntgenkonversion zu erreichen. Der Wirkungsgrad dieser Röntgenkonversion $\eta_{R\ddot{o}}$ in Abhängigkeit von der Geschwindigkeit der Elektronen liegt in der Größenordnung weniger Prozent, d. h. es wird beinahe die gesamte Strahlleistung in Wärme im Targetmaterial und in Rückstreuung umgesetzt. Im ROFEX beträgt diese Ausbeute nach Gleichung (2.3) 1,1 %. Die Rückstreuung der Elektronen erhöht sich mit der Ordnungszahl des Targetmaterials und mit dem Einfallswinkel des Elektronenstrahls zur Targetflächennormalen. Für Winkel größer 10° bildet sich eine Rückstreukeule, die grob dem optischen

Reflexionsgesetz gehorcht [62] und deren Energiespektrum bis an die Grenzenergie des Primärstrahls heran reicht. Im ROFEX trifft der Strahl während eines Umlaufs unter $18 - 24°$ zur Flächennormalen auf die Targetoberfläche. Der Anteil der Rückstreuung liegt hier bei bis zu 39% des Primärstrahlstroms. Das führt einerseits zu einer erheblichen Gehäuseerwärmung in der Umgebung des Röntgenaustrittsfensters. Andererseits erzeugen rückgestreute Elektronen Röntgenstrahlung beim Auftreffen auf Gehäuseteile außerhalb des Brennflecks (Extrafokalstrahlung). Diese trägt unerwünscht zur Streustrahlung bei und wird daher in Grenzen auskollimiert. Abbildung 3.5 zeigt eine Übersicht der Wechselwirkungsanteile im ROFEX.

Tabelle 3.1: Energiebilanz der Wechselwirkungsphänomene im ROFEX. Der Elektronenstrahl mit 150 keV Grenzenergie trifft unter ca. 22° auf das Wolframtarget. Die maximale Strahlleistung beträgt 10 kW. 60% der Leistung des Elektronenstrahls werden direkt im Brennfleck in Wärme umgesetzt, 1,1% in Röntgenstrahlung.

Primärstrahl	**100%**
...wird umgesetzt in:	
Absorption	60%
Elektronenrückstreuung	39%
Sekundärelektronen und thermische Elektronen	ca. 1‰
Röntgenstrahlung	**ca. 1%**

a)   Thermische Betrachtung

Der Elektronenstrahl dringt nach Gleichung 2.21 bis zur Tiefe S in das Target ein. Der Wärmeeintrag in das Target erfolgt wegen der Ladung der Elektronen wie unter 2.3.3 beschrieben nicht linear. Die Energieverteilung lässt sich entlang der Tiefenkoordinate z nach [72] durch Zusammenfassen der Gleichungen (2.21) und (2.26) auf Seite 40 und Reihenentwicklung mit

$$p_A(z) = p_{Amax} \cdot 0,69 \left[0,74 + 4,7 \cdot \frac{z}{S} - 8,9 \cdot \left(\frac{z}{S}\right)^2 + 3,5 \cdot \left(\frac{z}{S}\right)^3 \right] \qquad (3.2)$$

berechnen. Zusammen mit Gleichung (2.25) erhält man die räumliche Energieabsorption des Elektronenstrahls im Targetmaterial

$$p_A(r,z) = p_{Amax} \cdot 0,69 \cdot e^{-\left(\frac{2r}{d_f}\right)^2} \left[0,74 + 4,7 \cdot \frac{z}{S} - 8,9 \cdot \left(\frac{z}{S}\right)^2 + 3,5 \cdot \left(\frac{z}{S}\right)^3 \right]. \qquad (3.3)$$

Diese Funktion ist rotationssymmetrisch um die z-Achse (Tiefenkoordinate). Die Energieabsorption $p_A(r,z)$ ist eine Wärmequelle in den Volumenelementen des Gebiets der Wechselwirkung. Die Darstellung dieser Verteilung geschieht hier anschaulich dreidimensional unter Vernachlässigung der Rotationssymmetrie um die z-Achse (Abbildung 3.6).

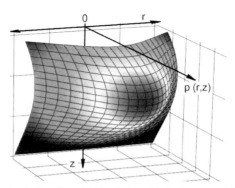

Abbildung 3.6: Dreidimensionale Darstellung der Energieabsorption im Targetmaterial bei Beschuss mit einem Elektronenstrahl senkrecht von oben. Die dritte Dimension p(r,z) soll hier den Verlauf der Energieabsorption in Falschfarben zeigen. Deutlich ist die Ausprägung des Maximums bei z= S/3 (rot) zu erkennen. Praktisch ist dieser Verlauf eine Leistungsbeladung pro Volumenelement und rotationssymmetrisch zur z-Achse.

Der Wärmeleistungseintrag erfolgt im ROFEX wegen der Eindringtiefe der Elektronen nach Gleichung 2.23 von 24 µm und einem Strahldurchmesser von 1 mm in ein Volumen von 0,02 mm^3 mit p_{max} bei 8 µm Tiefe, welches bei jeder Umdrehung des Elektronenstrahls für die Verweilzeit

$$\Delta t = \frac{r_{BF}}{\pi \cdot R \cdot f} \tag{3.4}$$

mit der Wärmeleistung

$$P_{Vox} = \eta_A \cdot P_{el} \tag{3.5}$$

beaufschlagt wird. Dabei bezeichnet r_{BF} den Brennfleckradius, R den so genannten Brennringradius, das ist der Radius der Brennfleckbahn, und f die Rotationsfrequenz. η_A bezeichnet den Wirkungsgrad der thermischen Absorption. Er hängt maßgeblich von der Rückstreuung der Elektronen ab und beträgt beim ROFEX rund 0,6.

Durch die sehr kurze Verweilzeit des Elektronenstrahls erfolgt der Energieeintrag in das Voxel quasi-adiabat. Das heißt, in der Kürze der Zeit kann die Wärmeleitung in den Targetkörper keine Wirkung entfalten. Konvektion findet nicht statt, da sich der Halbraum über der Targetoberfläche im Vakuum befindet. Wärmestrahlung ist für die kleine Emissionsfläche des Brennflecks vernachlässigbar. Der Temperaturhub $\Delta\vartheta$ nach einem Brennfleckdurchlauf in diesem Volumenelement hängt deshalb maßgeblich von der Wärmekapazität in diesem ab.

Wegen der zyklischen Relativbewegung des Elektronenstrahls zum betrachteten Volumenelement der Wechselwirkung können die analytischen Gleichungen für Drehanodenröhren angewendet werden und der Temperaturhub $\Delta\vartheta$ nach [73] mit

$$\Delta\vartheta = \frac{2P}{A}\sqrt{\frac{r_{BF}}{\pi^2 \cdot f \cdot R \cdot k}} \qquad (3.6)$$

berechnet werden, wobei A die Brennfleckfläche bezeichnet. Der Stoffkennwert k ist hier das Produkt aus Wärmeleitfähigkeit, Dichte und Wärmekapazität des Targetmaterials. Mit dem Temperaturhub $\Delta\vartheta$ kann die Brennringtemperatur ϑ_R in Abhängigkeit von Brennfleckgröße, Brennringradius und Anzahl der Strahldurchläufe mit

$$\vartheta_R = G \cdot \Delta\vartheta \cdot \sqrt{\frac{r_{BF}}{\pi \cdot R}} \cdot \sqrt{n+1} \qquad (3.7)$$

beschrieben werden. Der Ausdruck $\sqrt{n+1}$ beinhaltet die Abhängigkeit von der Anzahl der Umläufe n. G ist ein Geometrie- und Materialfaktor, der konstruktive Eigenschaften des Targets, wie Dicke, Wärmeleitung in radialer Richtung, Wärmekapazität und die Wärmeabstrahlung bei hohen Temperaturen beinhaltet. Aus dem Brennring findet ein Wärmetransport in das Target über Wärmeleitung und in den Halbraum über dem Target über Wärmestrahlung statt. Es ist daher vor Allem die zulässige Maximaltemperatur im Brennfleck

$$\vartheta_{max} = \vartheta_R + \Delta\vartheta \qquad (3.8)$$

zu beachten. Diese darf die Schmelztemperatur des Materials nicht erreichen. Davon abgesehen lässt man eine stetige Aufheizung des Targets während des Strahlbetriebs zu. Die Abfuhr des Wärmestroms $\dot{q}$ gelingt dann auch durch Wärmestrahlung gemäß

$$\dot{q} = \sigma \cdot \varepsilon \cdot A \cdot (T_2^4 - T_1^4) \qquad (3.9)$$

mit $\sigma = $ STEFAN BOLTZMANN-Konstante $\left(5{,}67 \cdot 10^{-8}\, \frac{W}{m^2 K^4}\right)$,

$\varepsilon = $ Emissionsgrad und

$A = $ Emissionsfläche.

ε liegt für Metalle zwischen 0,2 bis 0,4. Der Klammerausdruck beinhaltet den Temperaturunterschied zwischen dem heißen Targetkörper und einem ihn umgebenden Kühlkörper. Der abführbare Wärmestrom steigt sehr schnell mit wachsender Targettemperatur an. Darüber hinaus kann der Targetkörper direkt an einen Kühlkörper angebracht werden, mit dessen Hilfe in den Strahlpausen der Wärmestrom über Wärmeleitung an ein Kühlmedium abgeführt wird.

b)   Ausführung des Targets im ROFEX-Scanner

Aus den bisherigen Ausführungen folgt die Notwendigkeit eines hohen Schmelzpunktes und einer soliden Wärmeleitung des Targetmaterials, verbunden mit der Forderung einer hohen Ordnungszahl für guten Konversionswirkungsgrad. Diese Kombination ist nur bei wenigen Konstruktionswerkstoffen, wie zum Beispiel Refraktärmetallen anzutreffen [70]. Tabelle 3.2 zeigt eine Auswahl möglicher Werkstoffe und Wertungsfaktoren zur Anwendung im ROFEX.

Tabelle 3.2: Materialen und zulässige Temperaturen bei einem Gasdruck von $1,3 \cdot 10^{-4}$ mbar für Bremsstrahlungstargets in konventionellen Drehanodenröntgenröhren. Das Produkt $Z \cdot T_{max} \cdot k$ repräsentiert die Temperaturfestigkeit des Materials. In der rechten Spalte sind Wertungsfaktoren für die Eignung angegeben.

Element	Kernladungs-zahl Z	Zul. Temp. $T_{max}[°C]$ bei $1,3 \cdot 10^{-4}$ mbar	Wärmeleitfähigkeit λ [W/cm/kg]	Kennwert $k=\sqrt{\lambda \rho c}$	$Z \cdot T_{max} \cdot k$	Wertung
Cu	29	1043	3,98	3,68	110135	6
Mo	42	2167	1,38	1,88	171106	5
Ta	73	2587	0,55	1,13	213402	4
W	74	2757	1,3	1,81	369273	1
Re	75	2557	0,71	1,38	264650	3
Os	76	2280	0,87	1,77	306706	2
U	92	1132	0,25	0,75	78108	7

Das Target besteht im ROFEX aus einem wassergekühlten Kupferring, auf dem Wolframbauteile aufgebracht sind, in die die Kontur der Brennfleckbahn eingearbeitet ist. Durch die zyklische, blitzartige punktuelle Erwärmung durch den Elektronenstrahl ist die thermisch getriebene Tangentialspannung im Target kritisch, da sie zum Reißen desselben führen kann. Dies wird vermieden, indem Dehnungsschlitze eingearbeitet sind. Abbildung 3.7 zeigt eine Fotografie. Das Target beinhaltet zwei getrennte Brennfleckbahnen, um es auch für die Zweiebenentomografie (siehe 3.6) nutzen zu können. Da der Elektronenstrahl schräg von oben auf das Target trifft ist es notwendig, beide Brennfleckbahnen auf verschiedenen Durchmessern anzuordnen, um damit ein gegenseitiges Verdecken der Bahnen in der Abbildungsebene zu vermeiden.

Abbildung 3.7: Foto des Targets im ROFEX. (Kollimator teilweise entfernt.) Sichtbar sind die beiden Targetbahnen über die der Brennfleck läuft (I+II) und die Dehnungsschlitze zur thermischen Ausdehnung.

Die Messung der Brennringtemperatur und des Temperaturhubs ist experimentell außerordentlich schwierig. Eine genaue Berechnung des quantitativen Temperaturverlaufs ist kaum möglich, da dieser erheblich von konstruktiven Bedingungen und Materialeigenschaften abhängt. Deshalb wurde eine Analyse auf Basis einer FEM Rechnung durchgeführt, bei der für vorgegebene Szenarien, wie Bildrate, d. h. Elektronenstrahllaufgeschwindigkeit, Strahlstrom und Brennfleckgröße für das CAD-Modell des Targets der Temperaturverlauf im Target entlang der Brennfleckbahn simuliert wurde. Dabei wurde die Ausprägung der typischen, unter 2.3.3 Seite 41 beschriebenen, Temperaturspitzen gezeigt, siehe Abbildung 3.8. Darin wird ein Target aus reinem Wolfram zu Grunde gelegt und mit einem Elektronenstrahl des Durchmessers 1 mm und einem Strahlstrom 20 mA bei einer Kreisfrequenz der Ablenkung von 500 Hz gerechnet. Es wird die örtlich äußerst begrenzte Erwärmung im Brennfleck deutlich. Erst für die Brennringtemperatur als quasistatische Wärmelast mehrerer Brennfleckumläufe greifen die bekannten Mechanismen der Wärmeabfuhr in Metallen.

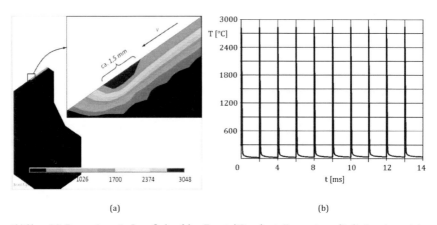

(a)   (b)

Abbildung 3.8: Temperaturen im Brennfleck auf dem Target a) Berechnete Temperaturen für die Targetgeometrie und Ausschnitt für den bewegten Brennfleck. Die Geschwindigkeit des Brennfleck betrug 348 m/s (500 Hz Scanrate), der Strahlstrom 20 mA. b) Brennflecktemperatur als Funktion der Zeit für 10 Umläufe. Deutliche

Ausprägung der Spitzentemperatur im Bereich über 2700°C, und sofortiger Abfall nach Passage des Elektronenstrahls auf die Brennringtemperatur von ca. 140°C.

Der zeitliche Verlauf der Temperaturen aus der Simulation ist allerdings im Messbetrieb des CT unpraktisch. Bei medizinischen CTs haben sich so genannte Grenzlastkurven etabliert, in denen die Ergebnisse aus empirisch ermittelten Parameterkombinationen Eingang finden. Ein ähnliches Grenzlastkurvendiagramm in angepasster Form ist für den ROFEX Scanner aus Testmessungen erstellt worden und in Abbildung 3.9 angegeben. Daraus können für verschiedene gewählte Strahlströme die maximal möglichen Messzeiten für ausgewählte Bildraten abgelesen werden. Die Messzeiten bezeichnen im Diagramm Zeiten der effektiven Datenaufnahme. Die Dauer des eingeschalteten Elektronenstrahls liegt um weitere 5 Sekunden höher, da für eine Datenaufnahme zunächst der Strahl eingeschaltet, dann die Messung gestartet und nach beendeter Datenaufnahme der Strahl verzögert abgeschaltet wird. Eine relative Einschaltdauer die das Verhältnis von Strahlzeit (Messzeit) zu Abkühlzeit beinhaltet und bei Grenzlastdiagrammen von Drehanodenröhren üblich ist, wird beim ROFEX nicht angegeben. Die zum Teil sehr großen Datenmengen die während einer Messung aufgezeichnet werden, benötigen Zeit zum Herunterladen aus dem Detektor zum Mess- und Steuerrechner nach jeder Messung. Diese Zeit steigt mit der Messzeit (Strahlzeit) auf bis zu 20 Minuten bei maximal möglicher Messzeit von 29,9 Sekunden. Dadurch ist zwangsläufig eine Abkühlzeit für das Target gegeben.

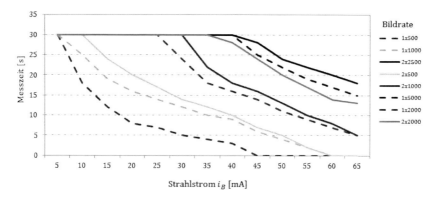

Abbildung 3.9: Grenzlastdiagramm für das ROFEX. Die Graphen zeigen maximal mögliche Messzeiten für gewählte Strahlströme bei verschiedenen Scanfrequenzen (in Hz). Strichlinien bezeichnen Einebenenmessungen (1xXXXX), durchgezogene Daten für Zweiebenenmessungen (2xXXXX). Im Messbetrieb sind die Parameterkombinationen stets im Bereich links neben bzw. unterhalb der jeweiligen Grenzlastkurve zu wählen. Die maximale Messzeit ist durch die Speichergröße der Detektorelektronik auf 30 Sekunden limitiert.

Abhängig von der aus der gewählten Bildrate resultierenden Geschwindigkeit des Elektronenstrahls und damit der Zeit des Wärmeeintrags ins Target lassen sich für gewählte Strahlströme maximal mögliche Messzeiten ablesen. Abbruchkriterium war bei den Messungen ein Gasdruck von $2 \cdot 10^{-3}$ mbar im Rezipienten. Oberhalb dieses Drucks wird die Beschleunigungsspannung zum Schutz vor Überschlägen automatisch abgeschaltet. Außerdem wird in diesem Druckbereich die Fokuslage des Brennflecks schlechter. Im Diagramm erkennt man, dass bei hohen Scanraten (hohe temporale Auflösung im CT) auch bei höheren Strahlströmen die volle Messzeit von 30 Sekunden ausgeschöpft werden kann. Es fällt ferner auf, dass die bessere Verteilung der thermischen Last auf zwei Brennfleckbahnen während Zweiebenenscans im Vergleich zu Einebenenmessungen bei kurzen Messzeiten kaum eine Rolle spielt. Während längerer Messzeiten kommen aber die Verteilung der thermischen Last und die daraus resultierende bessere Wärmeleitung zum Tragen. Die Obergrenze der thermischen Belastbarkeit des Targets im ROFEX ist durch jene Temperatur bestimmt, bei der erhebliche Mengen abdampfender Verunreinigungen und Metalls den Gasdruck im Rezipienten so weit erhöhen, dass eine Aufrechterhaltung der Beschleunigungsstrecke nicht mehr möglich ist und es durch Ionisation der Metalldampfwolke zum Hochspannungsüberschlag im Erzeuger kommt. Diese Spitzentemperatur liegt in der Praxis noch unterhalb der Schmelztemperatur des Targetmaterials.

Im ROFEX ist die Targetfläche zum einfallenden Elektronenstrahl im Mittel 22° geneigt angeordnet. Während eines Umlaufs des Elektronenstrahls schwankt dieser Wert durch die Neigung des Targets zur Strahlerachse um ±3°. Dadurch wird einerseits die Vorwärtsrichtung der Strahlungskeule der effektiven mittleren Photonenenergie von ca. 76 keV ausgenutzt, die grob dem optischen Reflexionsgesetz gehorcht. Andererseits wird die Auswirkung des HEEL-Effekts (siehe 2.3.3) vermieden, indem die Bildebene außerhalb des Anodenschattens angeordnet ist. Abbildung 3.10 veranschaulicht dies.

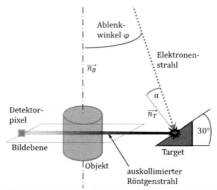

Abbildung 3.10: Vermeidung der Eigenschwächung des Targets durch den Heel-Effekt im ROFEX. Anordnung der Targetoberfläche zur Einfallsrichtung des Elektronenstrahls und zur Bildebene. $\vec{n_B}$: Flächennormale der Bildebene und Längsachse des Objekts, $\vec{n_T}$: Flächennormale der Targetoberfläche, α: Einfallswinkel des Elektronenstrahls. Ausprägung des Anodenschattens unterhalb des auskollimierten Röntgenstrahls.

Die das Target verlassende Röntgenstrahlung besitzt ein typisches Bremsstrahlungsspektrum. Dieses wurde mit einem Multi-Channel-Analyser (MCA) der Firma GBS-Elektronik vermessen. Abbildung 3.11 zeigt die Häufigkeit der detektierten Photonen als Funktion der Photonenenergie, normiert auf die maximale Zählrate des MCA bei einem Strahlstrom von 1 mA. Es ist der typische Verlauf eines Bremsstrahlungsspektrums von Wolfram zu erkennen. Die charakteristischen Linien werden vom MCA nicht aufgelöst.

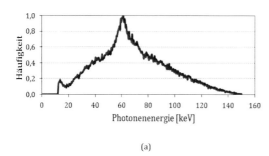
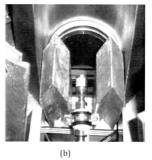

(a)   (b)

Abbildung 3.11: Bremsstrahlungsspektrum im ROFEX a) Gemessenes Energiespektrum der im leeren Tomografen den Detektor treffenden Strahlung (normiert auf die maximale Zählrate) bei einem Strahlstrom von 1 mA. Die maximale Intensität liegt bei ca. 62 keV, die effektive Mittenenergie bei ca. 76 keV, gemessen mit MCA. b) Fotografie des Versuchsaufbaus. Der Messkopf des MCA befindet sich an Position des Detektors (vorderer Halbring entfernt). Bleiziegel dienen zur Auskollimation der seitlich einfallenden Photonen.

3.2.3 Röntgendetektor

a)　　Vorbetrachtung

Die Röntgenstrahlung, die das Objekt durchdrungen hat und am Detektor ein Messsignal erzeugt, besitzt ein kontinuierliches Energiespektrum. Alle Röntgenphotonen, unabhängig von ihrer Energie, tragen zum Messsignal bei, solange sie in der Lage sind, das Objekt zu durchdringen und anschließend im Detektorpixel zu wechselwirken. Die Detektorelektronik muss im so genannten Strom-Modus arbeiten, d. h. die wechselwirkenden Röntgenphotonen generieren einen kontinuierlichen Fotostrom, der als integraler Wert sowohl von der Höhe des Röntgenflusses als auch von der Energie der Photonen abhängt. Der Fotostrom wird in ein Spannungssignal gewandelt und weiterverarbeitet. Eine spektroskopische Messung und Energiediskriminierung, um gestreute von ungestreuten Photonen zu unterscheiden, wie zum Beispiel in der Gammastrahlentomografie gängige Praxis [33], scheidet aus, da die energieaufgelösten Einzelphotonenflüsse in der zwangsläufig sehr kurzen Messzeit eines zeitlich hochauflösenden Messsystems am Detektor zu gering wären.

Um ein hohes SNR am Detektor zu erreichen, muss das Pixel über eine hohe Wechselwirkungseffizienz verfügen. Diese erreicht man formal durch drei Eigenschaften: große aktive Fläche, hohe Kernladungszahl und große Tiefe, d. h. in Strahlrichtung lange Pixel. Eine große aktive Fläche steht der Forderung nach hoher Ortsauflösung entgegen. Durch den quadratischen Bezug der Pixelkantenlänge zur Wechselwirkungsfläche bedeutet eine Halbierung der Kantenlänge und damit Verdopplung der erreichbaren Ortsauflösung eine Senkung des Signals auf ein Viertel. Dies ließe sich einerseits durch Erweiterung der Pixel senkrecht zur Bildebene kompensieren, allerdings würde dadurch die Bildebene „dicker" werden. Andererseits kann die geringere Signalstärke am Pixel durch einen geringeren Quelle-Detektor-Abstand kompensiert werden. Weitere Forderungen im Sinne einer hohen Zeitauflösung sind geringe Totzeit und Abklingzeit. Beide sollten deutlich unter 1 µs liegen.

b)   Auswahl des Detektorprinzips

Im ROFEX können Photomultiplier nicht ohne weiteres eingesetzt werden, da sie erstens durch die Magnetfelder der Strahlablenkung bzw. des Strahls selbst gestört würden. Zweitens sind sie aufgrund ihrer Baugröße ungeeignet, es ließe sich keine hohe Ortsauflösung erreichen.

Avalanche-Fotodioden (APD) lassen sich mit schnellen Lichtwandlern (z. B. LYSO) koppeln und so indirekte Strahlungswandler realisieren [33], die sich durch ein hohes SNR und eine kleine Baugröße auszeichnen. Allerdings sind APD thermisch problematisch, da ihre Eigenverstärkung sehr stark von der Temperatur abhängt. Um Nichtlinearitäten zu vermeiden, ist deshalb ein aufwendiges Temperaturmanagement notwendig. Zudem hängt die Detektionseffizienz DQE solcher indirekten Systeme stark von der Güte der optischen Kopplung zwischen Szintillator und APD ab. Die Verwendung zweier Konversionsbauteile pro Pixel treibt nicht zuletzt den Preis für ein hochauflösendes Detektorsystem mit stationärem Vollkreisring mit einigen hundert Pixeln zusätzlich in die Höhe und erhöht außerdem den Bauraum pro Pixel.

Raumtemperatur-Halbleiterdetektoren haben sich in den letzten Jahren immer mehr auch in CT-Systemen etabliert [58]. Sie lassen sich nahezu beliebig klein fertigen, haben bei moderater Driftfeldspannung im Kristall ein gutes Zeitverhalten [54] und sind weitestgehend temperaturunempfindlich. Sie benötigen außerdem einen geringeren Bauraum als indirekt konvertierende Detektorpixelsysteme. Für beide Varianten, Szintillatoren+APD und Halbleiterdetektoren, finden sich in der Literatur kaum Erfahrungen für den Betrieb im Strommodus. Sie sind in der Vergangenheit fast ausschließlich für energieaufgelöste Messungen im Puls-Modus bei eher geringen Photonenflüssen eingesetzt worden. Betreibt man sie im Strommodus, kommt der Polarisationseffekt (siehe 2.1.2) bei längeren hohen Röntgenflüssen zum Tragen. Dennoch wurde vor allem aus Gründen der Baugröße und der thermischen Handhabbarkeit der Einsatz von Raumtemperatur-Halbleiterdetektoren im ROFEX beschlossen. Eine große Tiefe der Pixel in Strahlrichtung für eine hohe Wechselwirkungsrate der einfallenden Photonen führt bei Fächerstrahlsystemen zu Parallaxeneffekten, da seitlich in das Pixel einfallende Photonen ein geringeres Wechselwirkungsvolumen erfahren als jene, die direkt von vorn einfallen, siehe Abbildung 3.12a.

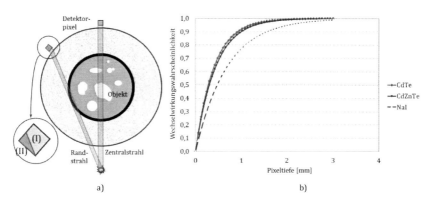

a)   b)

Abbildung 3.12: Wechselwirkungsvolumen der Detektorpixel a) Darstellung der unterschiedlichen Wechselwirkungsvolumina in einem Pixel durch den Parallaxeneffekt für Zentralstrahl und Randstrahl des Strahlenfächers. (I): Wechselwirkungsvolumen des vom Randstrahl getroffenen Pixels; (II): Totvolumen durch Selbstabschattung des kollimierten Pixels (Parallaxeeffekt). Der Intensitätsunterschied beträgt im gezeigten Beispiel ca. 12 % (experimentell ermittelt). b) Wechselwirkungswahrscheinlkeit als Funktion der Weglänge im Pixel für Bremsstrahlung mit der effektiven Mittenenergie von 76 keV im ROFEX.

Die Pixeltiefe sollte daher so klein wie möglich bei genügender Wechselwirkungsrate gewählt werden. Im ROFEX kommen Halbleiterpixel aus CdTe (Z=50) mit einer aktiven Fläche von 1,3 x 1,3 mm² zum Einsatz. Die Wechselwirkungsrate gehorcht einer Funktion wie in Abbildung 3.12b dargestellt. Die Pixel im ROFEX erreichen mit einer Tiefe von 1 mm eine Wechselwirkungsrate von 90 %. In diesem Fall beträgt der Unterschied im Wechselwirkungsvolumen für die angestrebte Abbildungsgeometrie des Scanners nach Abbildung 3.12a zwischen Zentral- und Objektrandstrahl rund 12 %. Dieser Unterschied spielt bei der Bildrekonstruktion durch Verrechnung von Referenzdatensätzen (vgl. 3.3) keine Rolle. Allerdings reduziert das (absolut betrachtet) geringere Signal den Dynamikbereich und damit das SNR.

c)   Abschätzung des erreichbaren Fotostroms

Zur Abschätzung des erreichbaren Fotostroms am Detektor wird das gemessene Röntgenstrahlungsspektrum des ROFEX herangezogen (Abbildung 3.11, Seite 61) und die Photonenanzahl bezogen auf die Detektorfläche im Spektrum energieaufgelöst aufintegriert. Dann wird für diese Photonenzahl die Anzahl der erzeugten Elektronen-Loch-Paare (ELP) berechnet und mit der Elementarladung e in einen Fotostrom i_F umgewandelt. Die Herleitung findet sich im Anhang A1. Man erhält

$$i_F = \frac{\int E \cdot n(E)}{4{,}43\ eV} \cdot e \cdot dE. \tag{3.10}$$

wobei $n(E)$ die Anzahl von Photonen im Spektrum als Funktion der Photonenenergie ist. 4,43 eV ist die Bandlücke im CdTe-Kristall. Der abgeschätzte Fotostrom i_F beträgt ca. 2,8 nA für einen Strahlstrom von

1 mA. Die ausführliche Rechnung findet sich ebenfalls im Anhang. Nach Wandlung in ein Spannungssignal mittels Transimpedanzverstärkers und mehrstufigerVerstärkung in der Elektronik erzeugt dieser Fotostrom ein Spannungssignal von 200 mV.

d)   Abschätzung der notwendigen Diskretisierungstiefe

Für die Anwendung des ROFEX zur Untersuchung von Zweiphasenströmungen stellt ein wassergefülltes Rohr mit ca. 50 mm Innendurchmesser die typische Anwendung dar. Für die Abschätzung welche Diskretisierungstiefe die Detektorelektronik haben muss, um eine Gasblase von typisch 1 mm noch auflösen zu können, können die Halbwertsdicken herangezogen werden. Mit dem Integral

$$I_{Det}(E, M) = \sum_{i=1}^{n} \int I_0(E) \cdot e^{-\left(\frac{\mu_i}{\rho_i}(E)\right) \cdot \rho_i \cdot d_i} dE \qquad (3.11)$$

kann unter Berücksichtigung des polyenergetischen Spektrums der Bremsstrahlung das Signal vom Zentralstrahl bei Messung eines Objekts, wie in Abbildung 3.18 dargestellt, berechnet werden. Der Index i bezeichnet durchstrahlte Wege unterschiedlichen Materials. Daraus lässt sich der Signalhub abschätzen, den eine einzelne, noch aufzulösende Gasblase am Detektor erzeugt. Die ausführliche Rechnung findet sich im Anhang. Die in Abbildung 3.13 gezeigte Blase erzeugt einen Signalunterschied von rund 0,5 %. Die dafür nötige Bittiefe lässt sich nach

$$2^x = \frac{1}{0,005} \qquad (3.12)$$

bzw.

$$x = \frac{log\left(\frac{1}{0,005}\right)}{log2} \qquad (3.13)$$

berechnen. Es werden demnach für die Messung einer 1 mm Gasblase in einer 50 mm Wassersäule mindestens 9 bit benötigt. Unter Berücksichtigung größerer Objekte, der Schwächung durch Konstruktionsmaterialien der Rohrwand und einem Rauschniveau von ca. 5% wurden 12 bit als sinnvolle Diskretisierungstiefe der Elektronik gewählt.

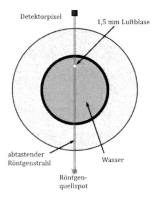

Abbildung 3.13: Diskretisierungstiefe der Detektorelektronik im ROFEX. Die notwendige Diskretisierungstiefe der Elektronik wird über den Signalhub einer Gasblase im wasserdurchströmten Rohr im abtastenden Zentralstrahl abgeschätzt. Dieser Unterschied beträgt 0,47%. Dies macht eine Tiefe von mindestens 10 bit erforderlich. Zur Herleitung siehe A 1.2.

e)   Ausführung des Detektors im ROFEX Scanners

Der Signalpfad eines Kanals der Detektorelektronik besteht aus einem Transimpedanzverstärker, der zunächst den Fotostrom aus dem CdTe Pixel in ein der Stärke des Fotostroms proportionales Spannungssignal umwandelt. Er wirkt dabei als Tiefpass mit $f_{oG} = 500\ kHz$, d. h. höhere Ortsfrequenzen von Schwächungsgradienten im Objekt werden zunehmend gedämpft. Das erzeugte Spannungssignal wird mehrstufig verstärkt und von einem 12-bit ADC mit 1 MS/s digitalisiert. Die Digitalsignale werden im Speicher des Detektors gespeichert. Dieses geschieht für alle 576 Kanäle vollparallel. Der Speicher hat eine Größe von 24 GB, womit eine maximale Messzeit von 30 Sekunden möglich ist. Nach der Messung werden die Daten über eine Gbit-Lan-Verbindung zum Mess-PC übertragen und stehen danach für den Rekonstruktionsalgorithmus zur Verfügung. In dieser Version des Doppelring-Detektors kommen 288 Pixel auf dem Vollkreis zum Einsatz. Abbildung 3.18 zeigt das Blockschaltbild des Detektors.

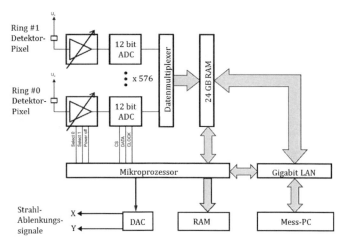

Abbildung 3.14: Blockschaltbild des ROFEX Detektors.

Die Hardware besteht aus den Pixelplatinen (Abbildung 3.15), die die strahlungssensitiven CdTe-Kristalle aufnehmen und in einem konzentrischen Kreis zum Target auf der Innenseite des Gehäuses des Tomografenkopfes angeordnet sind. Sie ragen von unten in die CT-Ebenen hinein. Dadurch benötigt der Detektor minimalen radialen Bauraum, wodurch eine maximal mögliche Objektöffnung des Scanners von 130 mm bei einem Quelle-Detektor-Abstand von 178 mm erreicht wird. Direkt hinter den Pixelplatinen sitzt die Analogelektronik, die die Messsignalwandlung, -aufbereitung, und -verstärkung übernimmt. Danach werden die digitalisierten Daten über eine schnelle serielle Schnittstelle zur Digitalelektronik transferiert und dort gespeichert. Nach erfolgter Messung werden die Daten via Gigabit-Ethernet zu einem Mess-PC übermittelt und stehen zur Verarbeitung in der Rekonstruktionssoftware zur Verfügung.

Abbildung 3.15 Detektor des ROFEX. Foto der Pixelplatinen des schnellen Röntgendetektors mit den CdTe-Pixeln. Die Pixel sind in zwei Ebenen zu je 8 Kanälen je Platine aneinander gereiht. Im Bild ist der Bonddraht zur Zuführung der Driftfeld-Spannung an die 8er Pixelreihe zu erkennen.

Die verwendeten CdTe-Kristalle sind mit Schottky-Kontakten versehen, was einen homogenen Driftfeldverlauf im Kristall und eine Ladungsträgersammlung fast unabhängig vom Wechselwirkungsort im Kristall ermöglicht. Die Driftfeldspannung beträgt 600 V. Diese vergleichsweise hohe Spannung ist wegen des Schottky-Übergangs an den Pixelelektroden möglich. Sie sorgt für sehr schnellen Ladungstransport im Pixel, ohne dass der Dunkelstrom merklich ansteigt. Es sind Einzelpixel verbaut. Das vermeidet Ladungsübersprechen (Charge sharing) [75], was zur erheblichen Verbesserung der Ortsauflösung gegenüber monolithischen Kristallen mit strukturierten Elektroden führt. Nachteilig ist der erhöhte technologische Fertigungsaufwand beim Aufbau der Einzelpixel.

Der Detektor wird aus Gründen der Handhabbarkeit an Atmosphäre betrieben. Er befindet sich an der Innenwand des CT-Gehäuses und hat somit einen kleineren Durchmesser als das Target, welches sich, da es direkt vom Elektronenstrahl getroffen werden muss, im Hochvakuum, d .h. im Rezipienten befindet. Der Detektor stellt auch die Begrenzung der Öffnung in der CT-Ebene dar. Aus dieser Konstellation ergibt sich ein leicht verkleinerndes Abbildungsverhalten. Abbildung 3.16 zeigt die Abbildungsgeometrie der CT-Ebene. Wie man sieht, schatten sich Detektorpixel und Brennfleckbahn gegenseitig ab. Deshalb sind Detektormittenebene und Targetmittenebene in einem leichten Axialversatz zu einander von 2,5 mm angeordnet, was einem Winkel von rund 1,3 ° entspricht. Dieser führt zu so genannten Axialversatzartefakten bei kleinen Objekten im Randgebiet des Messbereichs (siehe Kap. 3.5). Im für die primäre Aufgabe genutzten Objektbereich bis Durchmesser 60 mm liegt der Axialversatz allerdings noch unterhalb der axialen Ortsauflösung, sodass keine Axialversatzartefakte in diesem Bereich zu erwarten sind. Sie müssen erst bei der Rekonstruktion eventuell größerer Objekte berücksichtigt werden [76].

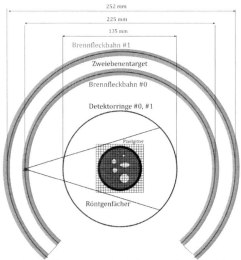

Abbildung 3.16 Geometrie der Abbildungsebenen des ROFEX. Die Brennfleckbahnen des Targets und der Ringdetektor liegen leicht versetzt zueinander (Axialversatz). Es wird ein Projektionswinkel von 240° erreicht.

3.3 Messdatenverarbeitung

Die Messdaten des Detektorsystems des ROFEX werden zunächst in den flüchtigen Speicher der Detektorelektronik vollparallel gespeichert. Nach abgeschlossener Messung werden die Daten zum Mess-PC transferiert und liegen dann in einem kontinuierlichen Datenstrom vor. Anhand des zum Auslesetakt synchronen Ablenksignals für den Elektronenstrahl lässt sich der Datenstrom in Projektionssequenzen zerlegen, die, wie in Abbildung 3.17 gezeigt, die Detektorsignale als Funktion der Zeit für einen Umlauf des Elektronenstrahls beinhalten.

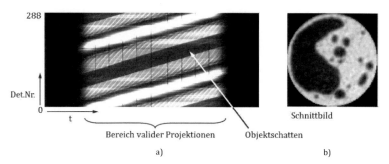

a)   b)

Abbildung 3.17 Messdaten des ROFEX Detektors. a) Die Rohdaten beinhalten in den Zeilen 12bit Intensitätswerte für jedes Pixel, die für jeden Zeitschritt N_t spaltenweise fortgeschrieben werden. Erkennbar sind die beiden dunklen Bereiche zu Beginn und Ende des kontinuierlichen Datenstroms, während denen der Elektronenstrahl nicht auf dem Target entlang geführt wird, und dort keine Röntgenstrahlung entsteht. Der nutzbare Projektionswinkel beträgt 230°. Schräg verlaufende weiße Bereiche zeigen temporäre Übersteuerung der Detektoren, wenn der Brennfleck dicht auf ihrer Rückseite entlang läuft. Dunkle senkrechte Linien sind Austastungen des Brennfleck durch die Lücken zwischen den Targetsegmenten (siehe 3.2.2). b) Rekonstruiertes Schnittbild 128x128 Bildpunkte).

Jedes der Datenfelder $N_d \times N_t$ umfasst die Projektionsdaten die zur Rekonstruktion eines Schnittbildes notwendig sind. In einem nächsten Schritt werden die Daten so umstrukturiert, dass die Datensequenz äquidistante Winkelschritte N_p des Brennflecks bzw. der Röntgenquelle enthält. Das resultierende Datenfeld $N_d \times N_p$ enthält die Fächerstrahlprojektionen für ein Schnittbild. Im folgenden Schritt wird aus diesen Daten die Schwächung (Extinktion) $E_{d,p}$ entsprechend

$$E_{d,p} = -log \frac{I_{d,p} - I_d^{dark}}{I_{d,p}^{ref} - I_d^{dark}} \tag{3.14}$$

berechnet. Hierin bezeichnet I die gemessene Strahlungsintensität, d und p sind die Indizes für Detektor und Projektion. I^{ref} bezeichnet die Anfangsintensität. Hierfür wird ein Referenzdatensatz, im Allgemeinen ohne Objekt aufgenommen. I^{dark} repräsentiert die Dunkelströme des Detektors, d. h. die Detektorsignale, die ohne Strahlungsexposition aufgenommen worden sind. Damit werden lineare Intensitätsunterschiede im Dunkelsignal erfasst, die aus dem ohmschen Verhalten der Detektorpixelkontaktierung herrühren. Sowohl die Dunkelmessung als auch die Referenzmessung wird zu je einem Projektionsdatensatz gemittelt. Die Extinktionsdaten werden schließlich von einer

Fächerstrahl- in eine Parallelstrahlgeometrie umgerechnet. Darauf wird der Bildrekonstruktionsalgorithmus angewendet.

Die Bildrekonstruktion erfolgt, wie in 2.2.2 beschrieben, über den Algorithmus der gefilterten Rückprojektion. Das Ergebnis sind Schnittbilder, dargestellt in einem Bild mit 128 x 128 Bildpunkten, in der die Schwächungswerte in 8-bit Graustufen kodiert sind. Diese Grauwerte repräsentieren relative Schwächungswerte, bezogen auf die Referenzmessung. Eine Darstellung absoluter Schwächungswerte eines Objekts ist somit nicht ohne weiteres möglich. Der Dynamikbereich der 256 Grauwerte wird bei der Schnittbilddarstellung auf den im gesamten Datensatz vorkommenden (globalen) minimalen bzw. maximalen Extinktionswert gespreizt. Eine hilfreiche Maßnahme zur Kontrastverbesserung in den rekonstruierten Schnittbildern ist daher die Verwendung geeigneter Referenzdatensätze I^{ref}. Befinden sich im abzubildenden Objektraum starke Absorber, wie z. B. Rohrwände aus Metall oder andere invariante Objektstrukturen wie Packungen, so kann eine Referenzmessung aufgenommen werden, in der diese Strukturen mit abgebildet werden (so genannte Trocken- oder Geometriereferenz). In der Extinktion finden sich dann nur noch zeitlich veränderliche Schwächungswerte, wie z. B. die zu untersuchende transiente Gas/Flüssigkeitsströmung selbst wieder. Strukturen, die in beiden Messungen enthalten sind, verschwinden in der Extinktion. Dadurch spreizt sich der Grauwertbereich der rekonstruierten Bilddaten ausschließlich über die Schwächungswerte der Strömungskomponenten, was zu einer deutlich besseren Erkennbarkeit der Struktur führt. Abbildung 3.18 zeigt ein Schnittbild der Messung einer Luft/Wasser Strömung in einer Packungsstruktur mit Hüllrohr, jeweils mit verschiedenen Referenzdaten rekonstruiert, zur Veranschaulichung dieser Methode.

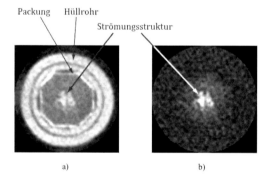

Abbildung 3.18: Wahl geeigneter Referenzdatensätze für die Bildrekonstruktion. Beide Schnittbilder zeigen die Momentaufnahme einer Luft/Wasser Strömung in einer monolithischen Keramik. a) Als Referenz wurde ein Leerbild gewählt, d. h. eine Aufnahme ohne ein Objekt. Der Dynamikbereich der Grauwerte im rekonstruierten Schnittbild erstreckt sich über alle in der Bildebene befindlichen Materialien und Bauteile des Experimentalaufbaus (Objekt) einschließlich Hüllrohr und Packungsstruktur. Die Strömungskomponenten werden mit nur wenigen Grauwerten dargestellt und z.B. Phasengrenzflächen sind schlecht zu erkennen. b) Als Referenz wurde eine Trockenmessung des Experimentalaufbaus gewählt. Hüllrohr und Packung sind zwischen Referenz und Nutzmessung invariant und verschwinden. Durch die resultierende Grauwertaufspreizung sind Strömungskomponenten deutlicher sichtbar, auch geringere Gasanteile sind klar erkennbar (hellere Grauwerte um das Zentrum der Strömung).

Die Nutzung der Grauwertaufspreizung durch geeignete Referenzmessung hat allerdings keinen Einfluss auf die Kontrastauflösung in der Messung selbst oder das SNR am Detektor, da ein ggf. starker Absorber (das Rohr) in der Messebene nach wie vor enthalten ist und durchstrahlt werden muss. Ein zweites Problem ergibt sich aus der Tatsache, dass nur Strukturen in der Extinktion verschwinden, die invariant in beiden, Referenz- und Dynamische Messung, enthalten sind. Die Methode wird meist auf Rohrwandungen angewandt, d. h. in der Referenzmessung ist das leere Hüllrohr enthalten. Kommt es dann zwischen der Referenzmessung und der Dynamischen Messung zu einer minimalen Ortsveränderung des Hüllrohrs, z. B. durch wechselndes Eigengewicht oder Schwingungen durch die Dynamik der Strömung, dann entstehen sichelförmige Artefakte in den rekonstruierten Schnittbildern. Solche Bewegungen können bei sehr transienten Strömungsmessungen häufig nicht ganz unterbunden werden. Deshalb ist diese Methode nur bedingt anwendbar.

Die Schnittbilder sind relativ stark rauschbehaftet. In der Regel muss eine Segmentierung der Bilder erfolgen, meist um die Gasphase von der Flüssigphase bei Strömungsuntersuchungen sicher zu trennen und weitere Prozessparameter zu extrahieren. Hierzu sind verschiedene Ansätze bekannt. Ein einfacher und in vielen Anwendungen hinreichend genauer Weg ist die Segmentierung mittels Schwellwert. Dazu wird von der gesamten Schnittbildsequenz ein Grauwerthistogramm erstellt. Es zeigt sich ein typischer Kurvenverlauf mit zwei Häufungen für Grauwerte der Gasgebiete und der Flüssigkeit. Die Wahl des Schwellwerts oberhalb dessen alle Grauwerte dem Gas zugerechnet werden, kann mithilfe der Tomografie eines Probekörpers vorgenommen werden. In eine Acrylglasscheibe wird die Struktur einer bekannten Strömungsstruktur eingefräst. Das Acrylglas repräsentiert die Flüssigkeit, die Ausfräsungen das Gas. Der Schwellwert für die Segmentierung wird nun solange in der Schnittbildsequenz angepasst, bis die bestmögliche Übereinstimmung von prozentualem Gasgehalt bzw. geometrischer Blasengrößen und –formen erreicht ist. Abbildung 3.19 illustriert dies.

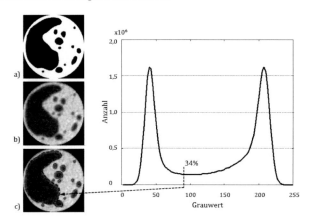

Abbildung 3.19: Rekonstruiertes Schnittbild und Segmentierung. Ein Probekörper, Durchmesser 60 mm (a) mit einer in Acrylglas eingefrästen Strömungsform wird im ROFEX gescannt. Die tomografischen Daten werden wie im Text beschrieben rekonstruiert (b). Mittels eines Schwellwerts im Grauwerthistogramm wird im Schnittbild segmentiert (c). Der Schwellwert wurde für diese Anwendung zu 34% Gasgehalt ermittelt.

In umfangreichen Scans verschiedener Probekörper mit unterschiedlichen Gasgehalten wurde als mittlerer Schwellwert 34% Gasgehalt als Schwellwert für die Segmentierung gefunden. Dieser muss für geringere Gasgehalte etwas nach oben korrigiert werden, da bei kleinen Blasenstrukturen der Gasgehalt wegen der örtlichen Auflösungsgrenze des Systems (vgl. 3.4.2) unterschätzt wird. Weiterführende Untersuchungen sowie erheblich verfeinerte Methoden zur Segmentierung der ROFEX Daten sind in [88] zu finden.

3.4 Leistungsparameter des ROFEX-Scanners

3.4.1 Die Bildgüte

Die Bildgüte eines CTs beschreibt allgemein, wie gut die Schwächungsverteilun $\mu(i,j)$ g eines gemessenen Objekts im rekonstruierten Schnittbild abgebildet wird, d. h. wie nah das Bild an das Original heranreicht. Naturgemäß ist eine Diskrepanz erkennbar, die ihre Ursache in begrenzter Orts- und Kontrastauflösung und im Bildrauschen hat. Zusätzlich wird die Bildgüte durch Artefakte (Kap. 3.5) weiter verschlechtert. Für den Bezug zwischen dem berechneten Schnittbild $I(i,j)$ und der Schwächungsverteilung $\mu(i,j)$ gilt:

$$I(i,j) = \mu(i,j) * (PSF(i,j) + R + A). \tag{3.15}$$

Es entsteht aus der Faltung der Schwächungsverteilung $\mu(i,j)$ des Objekts mit der Punktbildfunktion *PSF* des abbildenden Systems, überlagert mit Rauschen R und diversen Artefakten A.

Das Rauschen in den Bildern des ROFEX wird im Wesentlichen vom Quantenrauschen des Strahlungsfeldes bestimmt, d. h. von statistischen Schwankungen der Anzahl detektierter Röntgenphotonen im Detektorpixel während der Messzeit t_{proj} für eine Projektion (1 µs). Das Pixelrauschen σ kann mit

$$\sigma = R_{Algo} \sqrt{\frac{I_0/I}{i_b \cdot t_{proj}}} \tag{3.16}$$

beschrieben werden. R_{Algo} beschreibt den (untergeordneten) Einfluss des Rekonstruktionsalgorithmus, der je nach verwendetem Filter das resultierende Rauschen im Bild reduzieren (z. B. Hamming-Filter) oder verstärken (z.B. Shepp-Logan-Filter) kann. Die Rückprojektionsalgorithmen, die im ROFEX Anwendung finden, sind selbst keine Rauschquelle. Sie verändern aber das unkorrelierte Messwertrauschen zu einem strukturierten Rauschen in den Bildern, weil das Rauschen des Messwertes eines Projektionsstrahls auf mehrere benachbarte Pixel verteilt wird. Aus Gleichung (3.16) ist ersichtlich, dass das Pixelrauschen mit der Quadratwurzel vom Schwächungsverhalten des Objekts $\left(\frac{I}{I_0}\right)$, und vom Strahlstrom-Projektionszeit-Produkt $i_b \cdot t_{proj}$ abhängt. Demnach führt eine Verdopplung der absoluten Schwächung im Objekt, genauso wie eine Halbierung der Projektionszeit oder des Strahlstroms (und damit des Röntgenflusses), zu einer Vervierfachung des Pixelrauschens. Da beim ROFEX die zentrale Forderung nach sehr kurzen Projektionszeiten für eine hohe Zeitauflösung besteht, ist in der Anwendung der Strahlstrom entsprechend der Detektorempfindlichkeit stets auszureizen, d. h. eine maximale Signalstärke am Detektor zu erzielen ohne dass einzelne Pixel übersteuern und Nichtlinearitäten auftreten. Konstruktionsmaterialen sind nach geringer Schwächung auszuwählen, um das Pixelrauschen zu minimieren. Im ROFEX herrscht innerhalb eines Parametersatzes eines Experiments wegen der konstanten Messfrequenz der Detektorelektronik und der konstanten Messwertakquisitionszeit des ADC immer das gleiche Quantenrauschniveau. Für eine Bildrate von 1000 fps bei einem Strahlstrom von 12 mA beträgt das Rauschen am Detektor bei leeren Objektraum ca. 7%.

In der Praxis stellt die Ortsauflösung des ROFEX das zentrale Bildgütemerkmal dar, d. h. bis zu welcher Größe Details der Strömung im Bild erkannt werden können. Die Ortsauflösung wird zunächst von der Geometrie des den Objektraum abtastenden Strahls bestimmt. Innerhalb dieses Strahls werden die Schwächungswerte der Strahlung geometrisch aufintegriert. Die Geometrie des Strahls in der Messebene ist durch die Breite des Röntgenbrennflecks und die Breite eines Detektorpixels definiert. Abbildung 3.24a veranschaulicht dies. Mathematisch korrekt ist dabei auch die (normalverteilte) Emissionsdichte im Brennfleck und die Empfindlichkeitsverteilung entlang der Detektorpixelbreite zu berücksichtigen. Dies ist ausführlich in [71], Seite 122 ff. hergeleitet. Die Breite des abtastenden Strahls von rund 1 mm bestimmt gewissermaßen die geometrische Feinheit des Informationsgewinns bei unendlich langsamem (stehendem) Projektionssystem. Hätte man unbegrenzt Speicher und Rechenzeit zur Verfügung könnte man mit einer sehr großen Zahl von Projektionen und einer beliebig feinen Pixel-Strahl-Zuordnung auch Objekte, deren Größe deutlich unterhalb der Strahlgeometrie liegt, korrekt im Bildraum rekonstruieren. Praktisch ist jedoch die Pixel-Strahl-Zuordnung der Rekonstruktionssoftware des ROFEX an die Geometrie des abtastenden Strahls angepasst. Die Berechnung der Pixelgewichte erfolgt durch Interpolation zweier Detektoren mit gleichem Pixel-Mittelpunkt-Abstand (siehe Variante 4 in [61]). Als Maß des Pixelgitters ist die halbe Strahlbreite gewählt, damit Objekte der Größe des abtastenden Strahls nicht zu groß rekonstruiert werden (Bild 3.20a).

Wird das abtastende System bewegt, d. h. der Röntgenbrennfleck um das Objekt gedreht, bei ruhendem Detektorring), dann wird die bestmögliche Ortsauflösung zunehmend durch die Grenzfrequenz des Eingangsfilters des Transimpedanzverstärkers im Detektor von 500kHz begrenzt. Es erfolgt eine Dämpfung höherer Ortsfrequenzen von Schwächungsgradienten im Objekt wie sie z.B. durch Kanten hervorgerufen werden (siehe Abbildung 3.20b). Diese vom Eingangsfilter bestimmte, bestmögliche Ortsauflösung wird nicht schlechter, solange die Bogenlänge Δs (Messschrittweite), die der Brennfleck auf dem Target während eines Messschritts (Projektion) zurücklegt, im Bereich der Strahlbreite bleibt. In diesem Fall stehen noch genügend Projektionen zur Verfügung. Überstreicht der Röntgenbrennfleck ein größeres Segment auf dem Target während eines Messschritts, dann wird der „Schattenwurf" einer Objektkante auf mehrere Detektoren verteilt, wovon der Detektor allerdings nur einen einzigen Messwert zu einer bestimmten Zeit erhebt, (siehe Abbildung 3.20c). Es fehlen Projektionen, was sich in einer Verschlechterung der Ortsauflösung zeigt. Diese projektionsbedingte, dynamische Begrenzung der

Ortsauflösung überwiegt ab einer Messfrequenz (Bildrate) von ca. 2600 fps. Die erreichbare Ortsauflösung ist daher stets an die Bildrate bzw. die zeitliche Auflösung gekoppelt.

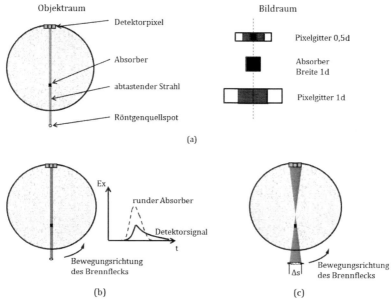

Abbildung 3.20: Geometrisch und zeitlich bestimmte bestmögliche Ortsauflösung. (a) Projektion eines dünnen Absorbers durch den abtastenden Röntgenstrahl (bezogen auf Detektorpixel Nr. 2). Bei quasistatischem bzw. diskontinuierlich drehendem CT wird ein Absorber, dessen Größe d im Bereich der Strahlbreite liegt, scharf abgebildet und auf dem Pixelgitter mit einer Weite von $0.5\,d$ korrekt rekonstruiert. In (b) kommt es bei Bildraten bis ca. $2600\,s^{-1}$ zu einer Glättung des Absorbers durch das Tiefpassverhalten des Eingangsfilters der Detektorelektronik. Bei noch höheren Bildraten wird der Röntgenbrennfleck durch seine Ortsveränderung während der Projektionszeit verwischt. Die Detektorelektronik tastet aber nur einen Bruchteil dieser Zeit ab, wodurch der RADON-Raum nicht mehr vollständig abgetastet wird. Es fehlen Projektionen und der Absorber wird unscharf rekonstruiert.

Auf die Ortsauflösung im Bild hat direkt auch der Kontrast Einfluss. Formal ist er im Bild definiert als Grauwertdifferenz zweier homogener Bildgebiete. Diese Differenz kann praktisch nicht beliebig klein werden. Sie wird von den Diskretisierungsstufen des ADC am Detektorpixel begrenzt. Der im ROFEX eingesetzte 12bit-ADC kann 4096 gemessene Intensitäten unterscheiden. Der Dynamikbereich der Daten wird dabei von der Differenz zwischen kleinstem und größtem Schwächungswert, d. h. höchster und geringster Strahlungsintensität aller im Objektraum gemessenen Werte bestimmt. Es ist leicht einzusehen, dass die Anwesenheit starker Absorbermaterialien, wie z. B. Rohrwandungen, den Dynamikbereich, in dem kleine Strukturunterschiede wahrgenommen werden können, stark einschränkt. Schließlich werden kleine Intensitätsunterschiede, die von feinen Objektstrukturen herrühren, in ein und derselben Diskretisierungsstufe nicht mehr unterschieden.

Diesem Effekt kann entgegengewirkt werden, indem starke Absorbermaterialien beim Bau von Teststrecken bzw. Versuchsobjekten vermieden werden. Zweitens kann der Strahlstrom des Scanners, und damit die Intensität der Röntgenquelle so hoch gewählt werden, dass der Dynamikbereich in den Messdaten maximal ausgenutzt, aber eine Detektorübersteuerung außerhalb des Objektschattens gerade noch vermieden wird. Als eine weitere Möglichkeit der Kontrastverbesserung im Bild wird in Kap. 3.3 die Wahl geeigneter Referenzdatensätze diskutiert.

Wegen des großen Einflusses des Kontrasts auf die Ortsauflösung wird im Folgenden die Ortsauflösung des ROFEX, analog zur Verfahrensweise bei medizinischen CTs, bei hohem und niedrigem Kontrast bestimmt. Für beide Varianten wird das Bildrauschen bestimmt, indem aus einer Bildsequenz eines Probekörpers (Phantom) ein Mittelwertsbild generiert und dann für jeden Bildpunkt eines jeden Einzelbildes die Grauwertabweichung zum jeweiligen Bildpunktmittelwert berechnet wird. Für die Standardabweichung dieses Grauwerts gilt dann

$$\sigma_{i,j} = \sqrt{\sum_{n=1} (m_{i,j} - f_{n,i,j})^2}. \qquad (3.17)$$

Hierbei bezeichnen n die Bildnummer und i, j die Bildpunktkoordinaten. Zur Vergleichbarkeit der Bilder verschiedener Messungen wird das SNR analog zur medizinischen Bildverarbeitung als

$$SNR = \frac{|GW_2 - GW_1|}{\sigma} \qquad (3.18)$$

eingeführt. $GW_{2,1}$ sind hier die Grauwerte der beteiligen Phasen (Luft und Wasser), die mithilfe eines Grauwerthistogramms aus den Datensätzen gewonnen werden. Die Differenz verkörpert das Nutzsignal. Das SNR ist dann der Quotient aus Nutzsignalamplitude und Standardabweichung des Rauschens.

3.4.2　Orts- und Zeitauflösungsvermögen bei hohem Kontrast

Ein in der konventionellen CT üblicher Weg, das Auflösungsvermögen zu bestimmen, ist das Tomografieren eines Probekörpers (Phantom), welcher anwendungsspezifische Stoff- und Geometrieeigenschaften aufweist. Dabei kommt eine Stoffpaarung im Phantom zur Anwendung, deren Schwächungseigenschaften so weit auseinander liegen, dass das Bildrauschen keinen Einfluss auf die Strukturerkennbarkeit hat. Man spricht dann von Hochkontrastauflösung.

Dies ist beim schnellen CT kaum möglich, weil durch die erheblich kürzeren Projektionszeiten gegenüber der konventionellen CT das Quantenrauschen stets Einfluss auf die Strukturerkennbarkeit in den Einzelbildern hat. Dennoch lässt sich aus dem primären Zweck der Untersuchung von Luft/Wasser-Zweiphasenströmungen eine geeignete kontrastreiche Stoffpaarung wählen, die eine anwendungsorientierte Aussage über die Auflösung zulässt. Hier kommt ein Phantom zum Einsatz, das aus einer Acrylglasscheibe besteht, in die in geeigneter Weise Bohrungen eingebracht sind. Acrylglas repräsentiert Wasser, da es für das Röntgenspektrum des ROFEX ein sehr ähnliches Schwächungsverhalten besitzt. Die Bohrungen repräsentieren Gasblasen. Abbildung 3.21 zeigt dieses Phantom. Es hat einen Durchmesser von 80 mm. Das ist jener Objektdurchmesser, der noch vollständig von dem mit dem Elektronenstrahl erreichbaren Projektionswinkel erfasst wird, d. h. der ohne Limited-angle-Artefakte rekonstruiert werden kann. Damit stellt dieses Phantom die Maximalgröße eines Luft-Wasser-Objekts dar. Die Bohrungen verschiedenen Durchmessers sind in Reihen zu je 5 mit einem Abstand 2d zueinander eingebracht. Dadurch wird der Grauwert in den rekonstruierten Schnittbildern entlang der Lochreihen periodisch moduliert und das Auflösungsvermögen kann als der Kehrwert $\frac{1}{2d}$ in Lochpaaren pro Millimeter direkt angegeben werden. Die Durchmesser in der Größe der erwarteten Ortsauflösung sind in den vier Quadranten der Phantomscheibe wiederholt um evtl. Ortsabhängigkeiten der Auflösung festzustellen.

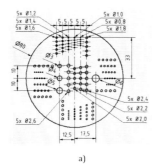
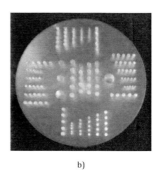

a)   b)

Abbildung 3.21:Phantom zur Bestimmung der Ortsauflösung. In eine Acrylglasscheibe sind periodisch Bohrungen eingebracht. a) Lageplan der Bohrungen; b) Fotografie des Phantoms.

Das Phantom wurde im Zentrum der Tomografieebene befestigt und es wurden Scans mit optimal fokussiertem Brennfleck bei verschiedenen Bildraten durchgeführt, wobei für die Mittelwertsbilder je 500 Schnittbilder erfasst wurden. Die Bildrate wurde von 500 fps bis 8000 fps variiert. Dabei wurden Werte gewählt, die in der Praxis zur Anwendung kommen. Bildraten unter 500 fps sind thermisch kritisch und aus Anwendersicht unsinnig, da die Zeitauflösung konventioneller CTs bereits bei besserer Ortsauflösung in diesen Bereich hineinreicht. Als Strahlstrom wurden 20 mA gewählt, was für eine ausreichende Detektoraussteuerung sorgt aber Übersteuerungen und dadurch Nichtlinearitäten an den Rändern des Objekts gerade noch vermeidet. Abbildung 3.22 zeigt die Ergebnisse. Es sind rekonstruierte Einzelschnittbilder bei verschiedenen Bildraten und die jeweiligen Mittelwertsbilder gezeigt. Darin kann jeweils diejenige Bohrungsreihe ausgemacht werden, bei der die einzelnen Bohrungen gerade noch klar unterschieden werden können. Der zugehörige Bohrungsdurchmesser im Phantom ist die erreichte Ortsauflösung in mm. In Abbildung 3.22 sind die erreichbare Ortsauflösung und das SNR in Abhängigkeit der Bildrate angegeben.

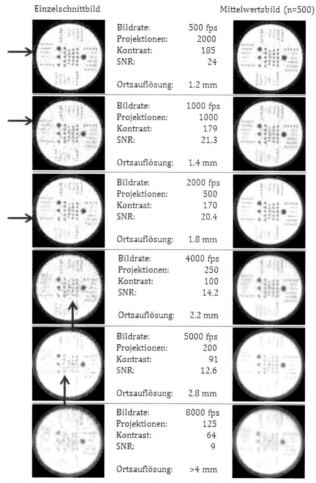

Abbildung 3.22 Erreichbare Ortsauflösung bei Hochkontrast. Schnittbilder (Einzelbild) und Mittelwertsbilder (gemittelt über 500 Einzelbilder) bei verschiedenen Bildraten, mit Angabe des jeweiligen Auflösungsvermögens, des Kontrasts und des SNR. Das Auflösungsvermögen kann durch die periodische Anordnung der Bohrungen bis 3 mm direkt abgelesen werden.

Die Ortsauflösung sinkt von 1,2 mm (0,417 Lp/mm) bei 500 fps, auf über 4 mm (0,125 Lp/mm) bei 8000 fps. Dies hat seine Ursache hauptsächlich in dem oben erwähnten Informationsverlust durch zu wenige Projektionen. Zum Beispiel stehen bei 8000 fps nur noch 125 Fächerstrahlprojektionen auf 360° für die Rekonstruktion der Daten zur Verfügung. Das entspricht einem überstrichenen Weg des Röntgenbrennflecks auf dem Target von rund 5,6 mm. Darüber hinaus trägt der Rückgang des Kontrasts auf 64 bei 8000 fps dazu bei, dass vorhandene Strukturen nicht mehr sichtbar sind. Bei der Beurteilung der Detailerkennbarkeit konkurrieren hier zwei Effekte. Einerseits führt der Rückgang des Kontrasts zum Verlust des Grauwertunterschieds zwischen Luft und PMMA bei den kleinen Bohrungen. Andererseits geht durch die mit der Bildrate anwachsende Glättung das Bildrauschen zurück, was zunächst zu einem leicht besseren SNR führt. Betrachtet man beide Effekte global, dann sinkt das SNR in den Bildern von 24 bei 500 fps auf 9 bei 8000 fps. Zwar sind die Messsignale am Detektor auch bei maximaler Bildrate gleich rauschbehaftet. Aber durch die erheblich größeren Interpolationsgebiete bei der Rekonstruktion im Bild findet eine deutliche Glättung statt. Diese verschlechtert die Ortsauflösung, verringert jedoch auch das Bildrauschen.

3.4.3 Orts- und Zeitauflösungsvermögen bei niedrigem Kontrast

Ein zweites Merkmal der Abbildungstreue eines CT ist das Auflösungsvermögen bei niedrigem Kontrast. Ähnlich wie unter 3.3.2 erfolgt auch hier die Bestimmung dieser Auflösung durch Messung an einem Phantom. Die Materialpaarung wird dabei aber so gewählt, dass durch starke Absorber das Nutzsignal soweit in das Rauschen geschoben wird, dass die Detailerkennbarkeit nicht länger nur vom geometrischen Auflösungsvermögen abhängt. In den Schnittbildern des ROFEX ist die Detailerkennbarkeit ohnehin stets durch den erheblichen Quantenrauschpegel begrenzt. Aber es kann ein typisches Auflösungsvermögen für praktisch relevante, ungünstige Schwächungssituationen im Objekt und daraus resultierendem niedrigen SNR bestimmt werden. Eine solche Situation ist hier die Messung von Luft/Wasser-Strömungen in dickwandigen, druckführenden Leitungen. Diese sind oft aus hochfestem Material mit Kernladungszahlen größer 20 gefertigt, das Röntgenstrahlung stark schwächt. Ein solches Szenario leitet sich auch aus dem primären Verwendungszweck des ROFEX zur Untersuchung an der vertikalen Teststrecke der TOPFLOW-Anlage ab (siehe 3.1 und 4.1). Es kommt erneut das Acrylglasphantom in Abbildung 3.25 zum Einsatz. Es wird zusätzlich auf seiner Außenfläche mit Stahlblech der Dicke 0,6 mm umhüllt. Dieser Stahlmantel repräsentiert ein druckführendes Hüllrohr, ähnlich dem der vertikalen Teststrecke der TOPFLOW-Anlage, welches aus einer Titanlegierung mit einer Wandstärke von 1,6 mm gefertigt ist. Der Stahlmantel hat ähnliche Schwächungswerte für das Röntgenenergiespektrums des ROFEX. Es ist zu bemerken, dass das Rohr der vertikalen Teststrecke einen Außendurchmesser von 58 mm besitzt. Das Auflösungsvermögen kann in dieser Anwendung als geringfügig besser erwartet werden, als in den hier gezeigten Ergebnissen des Phantoms mit Maximaldurchmesser. Die Ergebnisse zeigt Abbildung 3.23.

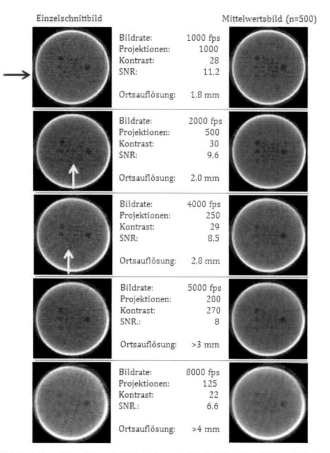

Abbildung 3.23 Erreichbare Ortsauflösung bei Niedrigkontrast. Schnittbilder (Einzelbild) und Mittelwertsbilder bei verschiedenen Bildraten, mit Angabe der erreichten Ortsauflösung, des Kontrasts und des SNR. Pfeile zeigen die Bohrungsreihe die, gerade noch wahrnehmbar, die Auflösungsgrenze darstellt. Durch die Ummantelung des PMMA-Phantoms wird die absolute Schwächung erheblich erhöht, was zu einem geringeren SNR und zu schlechterer Ortsauflösung führt.

Bei Niedrigkontrast sinkt die Ortsauflösung von 1,8 mm (0,27 lp/mm) auf Werte deutlich schlechter als 4 mm (0,125 lp/mm) bei 8000 fps. Die 5 mm-Bohrung ist gerade noch zu erkennen. Aufgrund der ohnehin geringen Signale durch die starke Absorption des Hüllrohres macht sich kaum ein Kontrasteinbruch bei höheren Bildraten bemerkbar. Hier überwiegt der Effekt, dass bei höheren Bildraten wegen der geringeren Projektionszahl die Strukturen im Bild „weginterpoliert" werden. Dies führt zum Rückgang des SNR von 11,2 bei 1000 fps auf 6,6 bei 8000 fps. Abbildung 3.24 fasst die Ergebnisse zusammen.

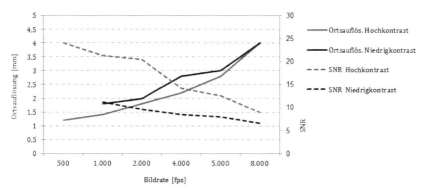

Abbildung 3.24 Bildgüteparameter als Funktion der Bildrate. SNR und erreichte Ortsauflösung in Abhängigkeit der Bildrate für Hoch- und Niedrigkontrast.

3.4.4 Maximale Bildrate

Für eine vollständige und artefaktfreie Rekonstruktion ist es notwendig, dass der Radonraum vollständig abgetastet ist, d. h. dass alle Linienintegrale die das Objekt beschreiben, erfasst sind. Einerseits muss dafür das zu untersuchende Objekt zu jeder Zeit vollständig im Abtastbereich des CT liegen. Da in der Praxis der abtastende Röntgenstrahl nicht unendlich dünn ist, sondern eine Ausdehnung in der Breite hat, muss andererseits die Schrittweite der diskreten Abtastung ($\Delta s, \Delta\theta$) des kontinuierlichen RADON-Raums im Bereich dieser Strahlbreite liegen, d. h. aufeinanderfolgende Abtaststrahlen liegen direkt aneinander. Die Anzahl der zur Rekonstruktion eines Schnittbilds zur Verfügung stehenden Projektionen bestimmt sich aus der Messfrequenz des Detektors dividiert durch die Bildrate. Für eine lückenlose Abtastung des Objekts sind unter Berücksichtigung der Abtaststrahlbreite von 1,3 mm formal 277 Projektionen auf dem Vollkreis nötig. Mit dem festen Systemtakt der Detektorelektronik von 1 MHz ergibt sich daraus eine maximale Bildrate von 3610 fps. Bei höheren Bildfrequenzen wird die Ortsauflösung allein durch die Geometrie der Abtastung schlechter. Praktisch wird die Ortsauflösung bereits bei Bildraten größer 1 kHz schlechter (siehe 3.4.2), da das Eingangsfilter des Transimpedanzverstärkers im Detektor eine Grenzfrequenz von 500 kHz hat. Das führt zur Dämpfung hoher Ortsfrequenzen.

Neben der Abhängigkeit der Ortsauflösung von der Bildrate und der deshalb notwendig sinnvollen Wahl dieser je nach Anwendungsfall besteht eine weitere technische Grenze für die zeitliche Auflösung des Tomografen im Frequenzgang der Ablenkverstärker, welche das magnetische Wechselfeld in den Ablenkspulen treiben und die maximal mögliche Rotationsfrequenz des Röntgenbrennflecks auf dem Ringtarget begrenzen. Der Brennfleck des Elektronenstrahls beschreibt einen Kreis auf dem zur optischen Achse des Strahlerzeugers geneigten Target. Deshalb muss das Ablenksystem eine Ellipsenbahnkurve generieren, d. h. der Spulenstrom der für die x- und y-Ablenkung verantwortlichen Spule wird mit 90° Phasenversatz sinusförmig moduliert. Der Amplitudenfrequenzgang der Ablenkverstärker begrenzt die Frequenz dieser Sinus bei der gewünschten Amplitude mit der die

Bahnkurve noch erreicht werden kann. Abbildung 3.25 zeigt den Amplitudenfrequenzgang. Für die Testmessung wurde die maximal notwendige Spulenstromamplitude an den Ablenkverstärkern von 8,8 A gewählt. Die obere Grenzfrequenz beträgt ca. 18 KHz. Die Amplitude wird bis ca. 13 kHz voll erreicht. Damit erreicht das Ablenksystem zwar eine Bildrate von 13.000 fps, diese ist aber wegen der dann sehr schlechten Orts- bzw. Kontrastauflösung nicht sinnvoll.

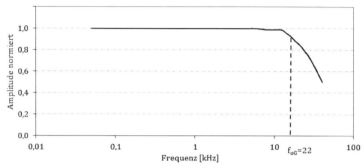

Abbildung 3.25: Amplitudenfrequenzgang der Ablenkverstärker des ROFEX. Testsignal: Sinus mit Amplitude 8,8 A (Amplitude für max. Ablenkwinkel). Die obere Grenzfrequenz bei ca. 22 kHz; Amplitudentreue bis 12 kHz.

Die Frage nach der für eine Messaufgabe gewünschten zeitlichen Auflösung ist daher immer im Zusammenhang mit der dann noch erreichbaren Ortsauflösung abzuwägen. Die maximale zeitliche Auflösung des ROFEX kann unter Beachtung der bisher angeführten Zusammenhänge mit 8000 fps angegeben werden. Aus der Bildrate lässt sich auch jene axiale Grenzgeschwindigkeit eines Objekts berechnen, bei der dieses noch ohne Bewegungsunschärfe rekonstruiert werden kann

$$v_{grenz} = 2{,}27 \cdot 10^{-5} \cdot r_{obj} \cdot Bildrate. \tag{3.19}$$

Der Faktor berücksichtigt u. a. die Abbildungsgeometrie und den Axialversatz des ROFEX. Die Gleichung geht von einem sich zentrisch durch den Tomografen bewegenden Objekt aus. Mit dem ROFEX lässt sich z.B. ein 5 mm großes Partikel am Rand eines DN50-Rohres bis zu einer axialen Geschwindigkeit von 4,7 m/s frei von Bewegungsartefakten rekonstruieren.

3.4.5 Artefakte

Die rekonstruierten Schnittbilder des ROFEX sind mit verschiedenen Artefakten behaftet. Diese haben ihre Ursache entweder in der Strahlung, die als Informationsträger dient, wie z.B. Aufhärtungs- und Streuartefakte, oder sind geometrisch bedingt, wie etwa Axialversatz- und Limited-angle-Artefakte. Strahlungsbedingte Artefakte sind unvermeidbar. Sie lassen sich in Grenzen in den Bildern mathematisch korrigieren. Limited-angle-Artefakte und Axialversatzartefakte sind eine konstruktive Eigenheit des ROFEX und unter bestimmten Bedingungen im Experiment vermeidbar.

3.4.5.1 Strahlaufhärtungs- und Streustrahlungsartefakte

Aufhärtungs- und Streustrahlungsartefakte haben ihre Ursache in Nichtlinearitäten bei der Strahlungsschwächung im Objekt. Es wirken verschiedene Wechselwirkungsmechanismen der Röntgenphotonen mit dem Objekt(material), deren Wahrscheinlichkeiten mittels Wirkungsquerschnitten beschrieben werden können. Für den Energiebereich des ROFEX von ca. 20 keV bis 150 keV überwiegen Photoabsorption und Comptonstreuung. Die Wirkungsquerschnitte σ_{PA} für Photoabsorption und σ_C für Comptonstreuung können nach [48] wie folgt abgeschätzt werden:

$$\sigma_{PA} \sim Z^n \cdot E^{-\frac{7}{2}} \text{, mit } 4<n<5 \tag{3.20}$$

sowie

$$\sigma_C \sim \frac{Z}{E}. \tag{3.21}$$

Man erkennt die Abhängigkeit der Wirkungsquerschnitte von der Ordnungszahl des Objektmaterials etwa zur 4ten Potenz bei Photoabsorption und linear bei Comptonstreuung sowie die umgekehrte Proportionalität zur Energie bei Comptonstreuung. Leichte Materialien, wie z. B. Kunststoffe und auch Wasser, erzeugen ein erhebliches Streustrahlungsniveau, insbesondere bei niedrigen Energien. Aus dem Untersuchungsgegenstand Wasser und der Anwendungsforderung einer guten Durchdringbarkeit der Objektstrukturen und damit Verwendung leichter Materialien für Versuchsaufbauten leitet sich daher direkt ein hoher Streustrahlungspegel in den Messdaten ab. Für schwere Materialien überwiegt die Photoabsorption, was bei Abschirmungen (Blei) ausgenutzt wird (siehe auch 3.5).

Obwohl sich die physikalische Ursache von Streustrahlungs- und Aufhärtungsartefakten unterscheiden lässt, führen sie im rekonstruierten Bild zu ähnlichen Resultaten. Das sind vor Allem eine Verschlechterung des SNR durch einen zusätzlichen Gleichanteil im Bild durch Streustrahlung sowie linienförmige Störungen und einen wannenförmigen Schwächungsverlauf innerhalb homogener Strukturen, das so genannte „cupping". Aufhärtungsartefakte entstehen, wenn ein polyenergetischer Röntgenstrahl Materie durchläuft, wobei sein Energiespektrum zu hohen Energien hin verschoben wird, weil niederenergetische Strahlungsanteile stärker geschwächt werden als höhere. Je höher die Dichte des Messobjekts, desto härter ist die am Detektor ankommende Strahlung. Bei der Berechnung der geschwächten Intensität wäre deshalb die Energieabhängigkeit durch Integration über das Spektrum entsprechend

$$I(E) = \int I_0(E) \cdot e^{-\left(\frac{\mu}{\rho}(E)\right)\cdot \rho \cdot d} dE \tag{3.22}$$

zu berücksichtigen. Abbildung 3.26 zeigt berechnete Spektren am Detektor nach Durchlaufen verschieden dicker Wasservorlagen. Ausgangspunkt der Rechnungen ist das Röntgenspektrum des ROFEX hinter dem Austrittsfenster.

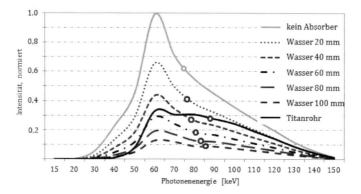

Abbildung 3.26: Strahlungsaufhärtung im ROFEX. Berechnete Energiespektren am Detektor, ausgehend vom gemessenen Austrittsspektrum (kein Absorber), und nach Passage verschieden dicker Wasservorlagen. Man sieht eine zunehmende Intensitätsschwächung und gleichzeitige Verschiebung des Spektrums in höhere Energiebereiche. Ringe markieren jeweils die mittlere effektive Energie im Spektrum. Diese steigt von 76 keV im Austrittsspektrum auf rund 84 keV nach 100 mm Wasser. Zusätzlich ist das Spektrum nach Durchgang durch ein Titanhüllrohr mit Wandstärke 1,6 mm dargestellt. Die mittlere effektive Energie steigt hier auf 87 keV an.

Abbildung 3.27a zeigt, dass der Schwächungswert von Strahlen aus verschiedenen Winkeln (Projektionen) mit verschiedenen Energiespektren abgebildet wird. Deshalb bestehen bei der Rekonstruktion Inkonsistenzen zwischen diesen, dasselbe Pixel betreffenden, Schwächungsinformationen. Der Schwächungswert der Gasphase im Bild (Abbildung 3.27a, Bereich I) wird richtungsabhängig unterschätzt. Das äußert sich in den sichtbaren „Linien" geringerer Grauwerte. Beachte: In Abbildung 3.27 stellt schwarz den größten Schwächungswert dar. Ein unterschätzter Schwächungswert für Luft erscheint heller.

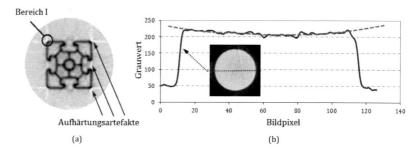

Abbildung 3.27: Strahlaufhärtungsartefakte. a) Aufhärtungsartefakte an den „Ausläufern" langer Objekt-kanten (Bereich I im Text erklärt). b) Wannenfunktion („cupping") des Grauwerts einer homogenen Acrylglasscheibe.

Aufhärtungsartefakte lassen sich in den Schnittbildern in Grenzen mit Hilfe mathematischer Algorithmen korrigieren. Allerdings kann der betreffende Schwächungswert des Objekts an dieser Stelle des Bildes nie korrekt rekonstruiert werden, da der Informationsverlust bereits im Moment der Messung erfolgt ist. Aufhärtungsartefakte lassen sich aber bei der Planung von Experimenten minimieren, indem auf stark schwächende Konstruktionswerkstoffe im Strahlengang verzichtet bzw. starke Schwächungsgradienten vermieden werden.

Comptonstreuung führt im Detektorsignal zu einem Anteil mit gemessener gestreuter niederenergetischer Photonen, weil beim ROFEX keine Energiediskriminierung erfolgt. Dieser Streuanteil kann unter Umständen bis zu 50% des Nutzsignals betragen und äußert sich in einem zusätzlichen Gleichanteil im Bild (Grauschleier), der das SNR reduziert. Dem kann in engen Grenzen durch Kollimation entgegen gewirkt werden. Aufgrund der Bauart des ROFEX ist aber eine Septenkollimation des Detektors mit hohem Schachtverhältnis zur Streustrahlungsunterdrückung unmöglich. Ebenfalls kann die Quelle, d. h. der Brennfleck auf dem Target, nur sehr begrenzt axial kollimiert werden. Der Streustrahlungsanteil ist in den Schnittbildern des ROFEX deshalb sehr hoch.

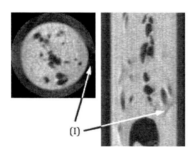

Abbildung 3.28: Streustrahlungsartefakte. Grauwerterhöhung (I) in der Umgebung eines Gasblasenclusters in einer Zweiphasenströmung durch Streustrahlung (Aura).

Im Bild äußert sich das in Aufhellungen in den Nachbarbereichen großer Blasen in einer Zweiphasenströmung (Abbildung 3.28). Streustrahlungsartefakte können in Grenzen mathematisch korrigiert werden. Dazu muss ein physikalisches Modell des Streuungsverhaltens des Objekts erstellt werden und mittels Simulation der Streustrahlungsanteil im Bild bestimmt werden. Dies funktioniert aber nur für statische Objekte. Bei Strömungen, deren Struktur und damit auch örtliche Streueigenschaften sich ständig ändern ist diese Methode praktisch kaum anwendbar. Beim ROFEX beschränkt sich eine solche Korrektur daher auf statische Teile der Untersuchungsaufbauten, wie zum Beispiel Rohrwände oder Gehäuse. Die so genannte Beam-Stop-Array bzw. Beam-Hole-Array-Methode [77] lässt sich nicht zielführend anwenden, da sich der Winkel zwischen den Objektraum abtastenden Röntgenstrahlen und den Detektorpixeln während eines Projektionssatzes permanent ändert. Beide genannten Methoden sind auf eine unveränderliche Ausrichtung von Quelle zu Detektor angewiesen.

3.4.5.2 Limited-angle-Artefakte

Für die fehlerfreie tomografische Abbildung eines Objekts setzt die Theorie die vollständige Abtastung des RADON-Raums voraus. Dies ist für Fächerstrahlsysteme erfüllt, solange der Projektionswinkel der Abtastung 180 ° + Fächerwinkel überstreicht (Abbildung 2.6). Wird dieser Winkel unterschritten, wird der Objektraum unvollständig abgetastet (Abbildung 3.29). Der ROFEX nutzt ein teilkreisförmiges Target mit einem begrenzten Projektionswinkel von 240 °, um den Einbau axial ausgedehnter Untersuchungsobjekte zu ermöglichen. Dennoch wird für einen Objektdurchmesser von bis zu 80 mm der Projektionswinkels von 180° + Fächerwinkel der Quelle eingehalten. Überschreitet ein Objekt diesen Durchmesser, so zeigen sich im Bild typische Artefakte (Abbildung 3.29c) im Bereich der Öffnung des Tomografenkopfes, da hier Quellpositionen für die Fächerstrahlabbildung fehlen. Auch bei kleineren Objekten können Limited-angle-Artefakte auftreten, wenn durch Fehljustage der Strahlbahn nicht der gesamte Projektionswinkel genutzt wird.

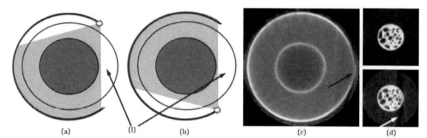

(a)   (I)   (b)   (c)   (d)

Abbildung 3.29: Limited-angle-Artefakte. Während eines Umlaufs des Elektronenstrahls maximal mögliche Projektionspositionen, a) und b). Es existiert ein Objektbereich (I) aus dem nur eingeschränkt Informationen gewonnen werden. c) Typische Limited-angle-Artefakte im rekonstruierten Schnittbild eines großen Objekts (Doppelrohranordnung, Außenrohrdurchmesser 125mm). d) Schnittbild eines 50 mm Objekts. Oben korrekter Projektionswinkel, unten Limited-angle-Artefakte durch zu geringen Projektionswinkel von 190° (Fehler beim Justieren der Quellfleckbahn).

3.4.5.3 Axialversatz-Artefakte

Zwischen der Detektorebene und der Ebene der Röntgenbrennfleckbahn besteht beim ROFEX ein axialer Versatz von 2,5 mm. Das bedeutet, dass sich gegenüberliegende abtastende Röntgenstrahlen in einem Winkel ungleich Null kreuzen (Abbildung 3.30a). Der Strahlenfächer, der den Objektbereich überstreicht, spannt vom Brennfleck zu den jeweiligen Detektorpixeln gegenüber eine gewölbte Dreiecksfläche auf. Betrachtet man alle den Objektraum abtastenden Strahlen, so ergibt sich eine Abtastfläche wie in Abbildung 3.30b dargestellt. In 30-facher axialer Streckung erkennt man die Form zweier zueinander auf den Spitzen stehender Kegel. Auf der Targetebene fehlen Quellpositionen durch die Hufeisenöffnung des Tomografenkopfs. Es ergibt sich eine „Sanduhr"-Form der Schaar von abtastenden Strahlen, in der targetseitig ein Sektor fehlt.

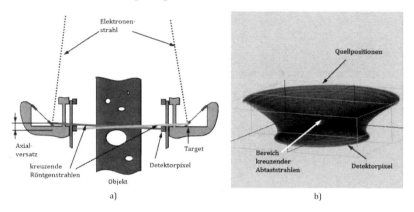

a)   b)

Abbildung 3.30: Tomografische Abbildung mit Axialversatz. a) Geometrie der Abbildungsebene des ROFEX. Brennfleckbahn und Detektorpixel liegen nicht auf einer Ebene. Dadurch kreuzen sich gegenüber liegende Strahlen. b) Berechnete Schar von abtastenden Strahlen im 3D-Raum für einen Projektionsdatensatz. Die Darstellung ist axial um den Faktor 30 gestreckt, um die Ausprägung der „Sanduhr"-Form abtastender Strahlenfächer zu verdeutlichen. In den Seitenbereichen entstehen Gebiete aus denen keine Information gewonnen wird.

Mathematisch werden bei der Schnittbildrekonstruktion die gemessenen Intensitätswerte auf eine Ebene rückprojiziert. Dabei wird davon ausgegangen, dass Redundanzen zwischen den Messwerten gegenüberliegender Strahlen bestehen, d. h. die Werte der Linienintegrale dieser Strahlen gleich sind. Das entspricht aber nicht der Abbildungsrealität. Objekte deren axiale Ausdehnung in der Größe des Axialversatzes liegt oder diesen unterschreitet, werden in nur einer der beiden vermeintlich redundanten, sich gegenüberliegenden Projektionen gesehen. In der Rekonstruktion sind sie dann fehlerhaft oder gar nicht vorhanden. Es bilden sich typische Fahnenartefakte an solchen Objekten aus. Abbildung 3.31 illustriert dies.

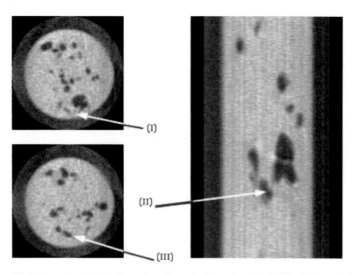

Abbildung 3.31: Axialversatzartefakte in den zentrumsfernen Bereichen eines Schnittbildes. Objekte, z. B. Gasblasen, deren Größe im Bereich des Axialversatzes liegt, werden nicht in allen Projektionen, die für die Berechnung eines Schnittbildes herangezogen werden, erfasst. In der Folge entstehen typische fahnenförmige Artefakte im Schnittbild (I) und im Axialschnitt (II). (III) zeigt dieselbe Blase in einem Schnittbild zu einem späteren Zeitindex ohne Axialversatzartefakt.

Die Artefakte treten umso deutlicher auf, je weiter das betroffene Objekt vom Zentrum der Bildebene entfernt ist. Das Erscheinungsbild der Axialversatzartefakte ähnelt dem der Geschwindigkeitsartefakte, die sich ebenfalls in Fahnenverzeichnungen äußern. Hier ist der zu schnelle Durchtritt des Objekts bzw. seiner Struktur durch die Tomografieebene die Ursache. Dadurch ist auch dann die Objektinformation nur in einigen Projektionen vorhanden und wird dadurch falsch rekonstruiert. Der Axialversatz lässt sich beim ROFEX konstruktionsbedingt nicht vermeiden, da sich Target und Detektorring ohne Axialversatz gegenseitig verdecken würden. Allerdings kann das Auftreten von Axialversatzartefakten in den Bildern weitestgehend verhindert werden, indem eine in die dritte Dimension erweiterte Rückprojektionsgeometrie angewandt wird. Dazu wurden Untersuchungen durchgeführt.

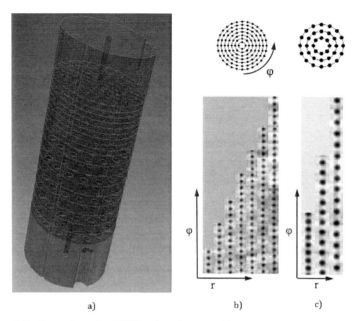

a)   b)   c)

Abbildung 3.32: Untersuchung des ROFEX auf Axialversatzartefakte. Messung und Rekonstruktion eines Probekörpers aus Acrylglas (Durchmesser 50 mm), in welchen regelmäßig definiert kugelförmige Löcher (Sphären) eingebracht sind. a) zeigt das CAD-Modell des Probekörpers. b) und c) zeigen entlang der Radien abgewickelte Axialschnitte der rekonstruierten Sphären für zwei verschiedene Sphärendurchmesser (2 mm und 4 mm). Auf allen Radien werden die Sphären gleich groß und rund rekonstruiert. Innerhalb des Durchmessers des Probekörpers (50 mm) sind keine Axialversatzartefakte für Objekte größer bzw. gleich 2 mm sichtbar.

Abbildung 3.32 zeigt das CAD-Modell eines 50 mm Probekörpers und abgewickelte Längsschnitte seiner rekonstruierten Schnittbildsequenzen. Der Probekörper enthält 2 mm große kugelförmige Löcher (Sphären als Gasblasennachbildung) in Acrylglas, regelmäßig angeordnet. Die Sphären liegen damit unterhalb der Größe des Axialversatzes. Man erwartet zunächst in den Schnittbildern die typischen Artefakte an den äußeren Sphären. Indem die Messdaten auf exakt die Fläche rückprojiziert werden, auf der sie abgetastet worden sind, sind diese Artefakte nicht mehr vorhanden. In Abbildung 3.32 werden alle auf dem Radius abgewickelten Sphären korrekt abgebildet.

3.4.6 Linearität

Ein weiteres Gütemerkmal einer tomografischen Abbildung ist die Linearität mit der der im Objekt gemessene lineare Schwächungskoeffizient in den Grauwerten des Bildes wiedergegeben wird. Dies lässt sich an Phantomen bestimmen, bei denen ausschließlich die Dichte variiert. Die Verwendung verschiedener Materialien führt wegen der Energieabhängigkeit des Massenschwächungskoeffizienten nicht zum Ziel. Abbildung 3.33 zeigt einen Testkörper, bestehend aus einer Anordnung von vier

Eppendorf-Gefäßen, in denen verschiedene Konzentrationen eines medizinischen Kontrastmittels (Peritrast, Dr. Franz Köhler Chemie GmbH, Jodverbindung, 400 mg Jod in 1 ml) eingebracht sind. Der lineare Schwächungskoeffizient für Röntgenstrahlung der mittleren Energie 80 keV beträgt $\mu = 5{,}0\ cm^{-1}$ (vgl. Wasser $\mu = 0{,}2\ cm^{-1}$). Die gemessene Bildsequenz von 1000 Bildern wurde zeitlich gemittelt um das Rauschen zu eliminieren und es wurden innerhalb der Bildbereiche der Gefäße im tomografischen Schnittbild Grauwerte räumlich gemittelt. Die resultierenden Werte sind, normiert auf den Grauwert von Luft (Nr. 1), im Diagramm über der Kontrastmittelkonzentration aufgetragen. Abweichungen in der Linearität liegen im Bereich von maximal 5%.

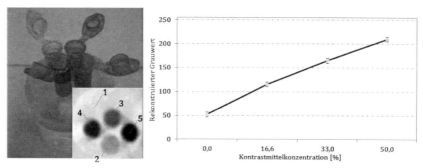

Abbildung 3.33: Linearität der rekonstruierten Schwächungswerte. Tomografie von vier Eppendorf-Gefäßen, gefüllt mit Kontrastmittel (Jodverbindung) in verschiedenen Konzentrationen. Links: Foto des Testobjekts und rekonstruiertes Schnittbild: 1) Grauwert in Luft als Normierungsgröße, 2) Wasser (Kontrastmittel-Konzentration 0%), 3) 16,6%, 4) 33%, 5) 50% Kontrastmittel. Rechts: rekonstruierte, normierte Grauwerte als Funktion der Kontrastmittelkonzentration.

3.4.7 Brennfleckdurchmesser in Abhängigkeit vom Strahlstrom

Der minimal erreichbare Brennfleckdurchmesser auf dem Target bestimmt die Dichte des Röntgenflusses und die Größe des Röntgenbrennflecks und hat damit entscheidenden Einfluß auf die erreichbare Ortsauflösung des ROFEX. In einem Axialstrahler, wie dem ROFEX, besteht eine Abhängigkeit des auf dem Target erreichbaren minimalen Brennfleckdurchmessers vom Strahlstrom. Der vom Operator gewählte Strahlstrom wird beim Strahlerzeuger des ROFEX mittels des Sperrpotenzials am Wehneltzylinder ausgeregelt. Es wird soweit wie nötig abgesenkt, um den vorgewählten Strahlstrom zu extrahieren. Indem durch hohe Heizleistung an der Kathode stets ein deutlicher Überfluss an Elektronen vor dem Kathodenbolzen für die Absaugung zum Strahl in das Beschleunigungsfeld zur Verfügung gestellt wird, kann schon bei geringer Absenkung des Sperrpotentials am Wehneltzylinder der gewünschte Strahlstrom extrahiert werden, wobei der Strahl dann nur eine kleine Durchtrittsfläche im Wehneltfeld passiert. Er „schlüpft" gewissermaßen „schlank durch einen kleinen Spalt im Vorhang". Wird die Heizleistung an der Kathode für den zu extrahierenden Strahlstrom zu gering gewählt, dann muss das Sperrpotential sehr weit abgesenkt werden, um den Strahlstrom zu erreichen, was zu einem breit aus der gesamten Kathodenstirnfläche emittierten Strahl führt. An diesem breiten Strahl machen sich dann besonders Öffnungsfehler der Fokusspule bemerkbar und führen zu begrenzter Fokussierbarkeit auf dem Target.

Mit zunehmendem Strahlstrom weitet sich der Brennfleck. Dies hat seine Ursache zum Einen in der Raumladung der Elektronen. Steigt der Strahlstrom und damit die Menge an Elektronen je Zeiteinheit im Strahl, nimmt dieser durch die COULOMBschen Abstoßungskräfte der Elektronen untereinander mehr Raum ein, dadurch weitet er sich auf. Dem entgegen steht der Einfluss der Eigenfokussierwirkung des Feldlinienverlaufs vor dem Wehneltzylinder (Abbildung 2.3.2). Daneben hat auch die Zeigerlänge des Elektronenstrahls im feldfreien Raum nach der Passage der Formungs- und Ablenkungselemente einen Einfluss auf die Brennfleckgröße, da in diesem Bereich keinerlei Steuerelemente mehr korrigierend Einfluss nehmen können. Der Strahl ist sich selbst überlassen. Er erfährt eine zunehmende Aufweitung durch Raumladungseffekte im Strahl und in höherem Maße durch sich mit zunehmender z-Koordinate bemerkbar machende Abbildungsfehler. Abbildung 3.34 zeigt die Kennlinie des Brennfleckdurchmessers auf dem Target in Abhängigkeit vom Strahlstrom für den ROFEX- Scanner. Der Durchmesser wurde durch direkte Vermessung des Elektronenableitstroms an einer Molybdänelektrode über der Zeit ermittelt Diese Methode ist ausführlich in [66] beschrieben. Dort finden sich auch Herleitungen der Zeitverläufe des Strahlstroms bei Verwendung verschiedener Elektrodenformen. Wesentlicher Vorteil der Methode ist die objektiv genaue Quantifizierbarkeit des Brennfleckdurchmessers und die Reproduzierbarkeit des Ergebnisses. Als Nachteil muss der erhöhte technische Aufwand zur Durchführung solcher Messungen angesehen werden, denn es müssen die Elektroden im Bereich des Targets ins Vakuum eingebracht werden. Darüber hinaus sind die Elektroden nur begrenzt thermisch belastbar, was eine Vermessung des Strahls bei maximalem Strahlstrom schwierig bis unmöglich macht. Das zeitabhängige Ableitsignal an der Elektrode lässt sich nach [66] beschreiben mit:

$$i(t) = \eta_i \cdot i_B \cdot \tau \cdot e^{-\pi\left(\frac{t}{\tau}\right)^2}. \tag{3.23}$$

Das Signal wird mit dem Oszilloskop aufgenommen und nach Differenzierung wird τ aus dem Graphen wie in Abbildung 3.31 bestimmt. Der Brennfleckdurchmesser d_F kann mit der Beziehung

$$d_F = \frac{2 \cdot v_s \cdot \tau}{\sqrt{\pi}} \tag{3.24}$$

berechnet werden. v_s ist die Geschwindigkeit des Elektronenstrahls über die Elektrodenkante. Die Gleichung liefert den Brennfleckdurchmesser d_F bei der Strahlstromdichte j_B/e.

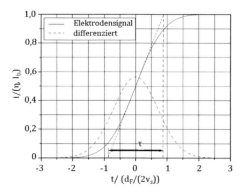

Abbildung 3.34: Vermessung des Elektronenstrahldurchmessers. Relativer Ableitstrom als Funktion der Zeit normiert auf Strahldurchmesser d_F und Geschwindigkeit v_s, bei senkrechtem Überfahren einer Elektrodenkante mit dem Strahl. Die Anstiegszeit τ kann für die Berechnung des Strahldurchmessers direkt vom Elektrodensignal abgelesen werden.

Durch die Neigung der Targetebene zur optischen Achse des Strahlers durchläuft der Brennfleck während eines Umlaufs stets Bereiche geringer Unter- bzw. Überfokussierung, da keine dynamische Nachfokussierung erfolgt. Die Ableitströme wurden daher sowohl bei mittlerer Zeigerlänge (auf dem Target an Position 1 in Abbildung 3.35) als auch bei kürzester Zeigerlänge (Position 2) mit dem jeweilig gleichen Fokusspulenstrom gemessen. Eine Messung bei maximaler Zeigerlänge ist nicht möglich, da sich in diesem Sektor die Targetöffnung befindet. Abbildung 3.35 zeigt das Versuchsschema und den Brennfleckdurchmesser als Funktion des Strahlstroms für beide Messpositionen.

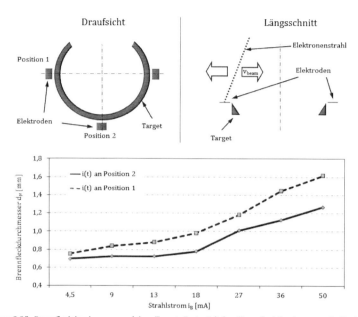

Abbildung 3.35: Brennfleckdurchmesser auf dem Target. Bestmöglicher Brennfleckdurchmesser als Funktion des Strahlstroms für die Messposition 1 und 2 bei gleichem Fokussierstrom. Die Strahlablenkung erfolgte mit einer Dreieckfunktion f = 1 kHz. Der Strahl wurde zyklisch über die außerhalb des Targets angeordneten Elektroden geführt. Über den Messwiderständen von 1 kΩ an den Elektroden wird der Zeitverlauf des Ableitstroms $i(t)$ mit dem Oszilloskop gemessen.

Die Abweichung des Brennfleckdurchmessers zwischen den Elektrodenpositionen 1 und 2 erklärt sich in wechselnder Fokuslage während eines Elektronenstrahlumlaufs. In der Position mittlerer Zeigerlänge (Position 1) ist der Strahl leicht überfokussiert. Wie man sieht bleibt der Brennfleckdurchmesser bis 18 mA im Bereich von 0,7 mm bis 0,9 mm. Danach weitet er sich mit zunehmendem Strahlstrom auf. Bei höheren Strahlströmen wird die Emissionsfläche der Kathode größer, weswegen zunehmend Abbildungsfehler (z. B. Öffnungsfehler der Elektronenoptik) eine bessere Fokussierung auf dem Target unmöglich machen.

Im laufenden Betrieb werden die Brennfleckgröße und damit die Qualität der Fokussierung über einen Videoeinblick anhand des Erscheinungsbildes der Brennfleckbahn (Lilienfeldstrahlung) auf dem Target durch den Operator beurteilt und die maximale Schärfe des Brennfleckfokus eingestellt.

3.4.8 Linsenstrom-Strahlstrom-Kennlinie

Beim Elektronenstrahl-Röntgen-CT wird die Röntgenquelle durch Fokussierung des Brennflecks auf dem Target erzeugt. Die Lage der Fokusebene und damit die Größe des Brennflecks auf dem Target wird mittels einer Fokusspule im Strahlerzeuger in Grenzen variiert (Abbildung 3.36a). Aufgrund der

Verschiebung des Crossover im Elektronenstrahl (Ebene geringster Verwirrung der Elektronenflugbahnen) in Abhängigkeit vom Strahlstrom im Strahlerzeuger entlang der optischen Achse des Systems (siehe Kap. 2.3.2) muss auch der Fokussierstrom entsprechend nachgeregelt werden, um einen gleichbleibend gut fokussierten Brennfleck über dem gesamten Strahlstrombereich zu erreichen. Der Strahlstrom steuert den Röntgenfluss. Durch Anpassung des Strahlstroms kann in Grenzen ein gleichbleibendes Kontrastniveau bei unterschiedlich stark schwächenden Objekten gehalten werden. Die Fokuslage ist dann aber nachzuführen, um eine konstant gute Brennfleckgüte und damit gleichbleibende Ortsauflösung zu erreichen.

Die Linsenstrom-Strahlstrom-Kennlinie ist darüber hinaus ein wesentliches Charakterisierungsmerkmal von Elektronenstrahlerzeugern. Abbildung 3.36b zeigt diese Kennlinie für den ROFEX-Scanner, gemessen bei einem Arbeitsvakuum von 10^{-7} mbar im Erzeuger und ca. 10^{-5} mbar Gasdruck am Target. Die Güte des Brennflecks wurde auch hier durch Auswertung des Ableitsignals bei Scan über eine Elektrodenkante ermittelt. Die Messreihe beginnt bei einem Strahlstrom von 4,5 mA, da kleinere Strahlströme für Anwendungen nicht relevant sind. Der maximale Strahlstrom bei diesem Experiment wird von der thermischen Belastbarkeit der Molybdänelektrode bestimmt und liegt bei 36 mA. In der Kennlinie lässt sich deshalb nicht die typische Ausprägung der annähernden Linearität im Bereich des Strahlstroms größer 20 mA feststellen.

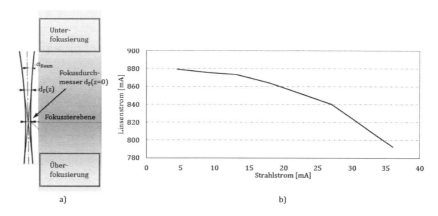

a)   b)

Abbildung 3.36: Fokussierung des Elektronenstrahls in der Targetebene. a) Lage der Fokussierebene auf der optischen Achse des Systems. Der Fokusdurchmesser ist als Funktion von Apertur α_{Beam} und z-Koordinate dargestellt. Oberhalb und unterhalb der Fokussierebene kommt es zu Unter- bzw. Überfokussierung. b) Kennlinie des Linsenstroms in Abhängigkeit vom Strahlstrom für das ROFEX bei bestmöglicher Fokussierung auf dem Target.

3.5 Strahlenschutz

Da Röntgencomputertomografie ionisierende Strahlung zur Bildgebung nutzt, geht von einem solchen Messsystem während des Messbetriebs eine Gefährdung für den Menschen und die Umwelt aus. Es sind deshalb Maßnahmen im Sinne des Strahlenschutzes zu treffen, um diese Gefährdung zu minimieren oder ganz auszuschließen. Der ROFEX unterliegt der Röntgenverordnung der Bundesrepublik Deutschland. In ihr sind Grenzwerte für die Strahlenbelastung des technischen Personals sowie der Normalbevölkerung definiert.

Die Quelldosisleistung einer Röntgenquelle berechnet sich in Analogie zur Quellstärke einer Isotopenquelle nach

$$\dot{H} = \Gamma \cdot \frac{A}{r^2} \cdot i_b \tag{3.25}$$

mit Γ: Dosisleistungskonstante

          A: Bezugsfläche der Strahlung

          r: Abstand zur Quelle

          i_b: Strahlstrom der Röntgenquelle

Die Dosisleistungskonstante Γ im Nutzstrahlbündel von Röntgenquellen kann Tabellen entnommen werden [87]. Sie hängt im Wesentlichen von Beschleunigungsspannung und Filterung ab. Für den ROFEX-Scanner beträgt sie ca. $1{,}6 \frac{Sv \cdot m^2}{mA \cdot h}$. Nach Gleichung 3.20 lässt sich eine Reduzierung von Orts- bzw. Personendosisleistungen $\dot{H}$ durch drei wesentliche Maßnahmen erreichen.

- Reduzierung der Quellstärke durch Reduzierung des Strahlstroms

- Erhöhung des Abstands zur Strahlungsquelle entsprechend dem Abstandsgesetz

$$\dot{H}_2 = \dot{H}_1 \left(\frac{r_1}{r_2}\right)^2 \tag{3.26}$$

- Umkleidung der Quelle mit Material hoher Dichte bzw. Kernladungszahl zur Abschirmung.

Es gilt dann Formel 3.11 zur Berechnung der energieabhängigen, exponentiell geschwächten Intensitäten. Im ROFEX wird eine Breitstrahlgeometrie (Strahlenfächer) der Röntgenquelle angewendet. Ein breites Nutzstrahlbündel erzeugt im Objekt bzw. in den Bauteilen der Abschirmung Streustrahlung, die zu einer Erhöhung der Dosisleistung führt. Es wird deshalb ein um den Dosiszuwachsfaktor B korrigierter Schwächungsfaktor S_g eingeführt. Dieser kann bei der Dimensionierung der Abschirmung aus Tabellen der Fachliteratur [87, S.465ff.] entnommen werden. Der empirisch bestimmte

Schwächungsfaktor S_g berücksichtigt das polyenergetische Spektrum der Bremsstrahlung. Allerdings gilt der Wert nur für die jeweilige Energie und Vorfilterung.

Vorteil von Röntgenstrahlern gegenüber Isotopenquellen ist ihr strahlenschutztechnisch sicherer Zustand wenn sie abgeschaltet sind. Eine potentielle Gefährdung besteht ausschließlich während des Strahlbetriebs, bzw. bei aktivierter Beschleunigungsspannung im Fehlerfall (Hochspannungsüberschlag). Am ROFEX wird mit einem temporär eingerichteten Kontrollbereich während des Messbetriebs gearbeitet. Der Scanner befindet sich in einem Strahlenschutzgehäuse aus 6 mm dicken Bleiplatten. Das Gehäuse besitzt an der Ober- und Unterseite eine Öffnung durch die das Objekt (z. B. ein Rohr) ein- bzw. ausgeführt wird. Diese Öffnungen stellen Lecks im Sinne des Strahlenschutzes dar, sind konstruktiv aber unvermeidbar. Um eine ausreichende Schirmung zu erreichen, sind die Hubeinheit und damit der gesamte Versuchsplatz des ROFEX zusätzlich mit mobilen 4 mm dicken Bleiwänden umstellt, (Abbildung 3.37). Im Betrieb besteht in der unmittelbaren Umgebung des Messplatzes ein temporärer Kontrollbereich. Außerhalb diesem bestehen keine Zutritts- oder Aufenthaltsbeschränkungen.

Abbildung 3.37: ROFEX an der Versuchsanlage TOPFLOW. Gut sichtbar die primäre Strahlenschutzeinhausung (links, aufgeklappt), und die mobilen Bleiwände (rechts) der sekundären Strahlenschutzeinrichtung.

Ionisierende Strahlung stellt auch ein Problem beim Einsatz hoch integrierter Elektronik dar. Durch Photoeffekt und Comptonstreuung werden freie Elektronen als Ladungsträger erzeugt. Darüber hinaus ist eine dauerhafte Schädigung einzelner Bauelemente durch irreversible Strukturschädigungen, zum Beispiel Versetzungsschäden in Chip-Vergüssen (Glob-Tops) möglich. In der Literatur finden sich Untersuchungen dazu, allerdings liegt der Fokus auf der Wirkung sehr hoher Strahlendosen. Eine gute Übersicht bietet [78]. Kritisch bei Bestrahlung sind vor allem elektronische Bauelemente mit sehr kleinen Fertigungsstrukturen. Bei den im ROFEX verbauten Komponenten, wie Vakuummesszellen, Pumpencontroller und Detektor-Analogelektronik treten im Betrieb weder strahlungsbedingte Schädigungen noch Ausfälle auf. Die Digitalelektronik ist vor allem wegen der Speicher-Schaltkreise in 45 nm Technologie gefährdet und wurde deshalb durch konstruktive Maßnahmen abgeschirmt.

3.6 Zweiebenentomografie und Geschwindigkeitsbestimmung

Die Schnittbilder des ROFEX liefern die momentane Phasenverteilung im Querschnitt der Strömung. Aus diesen Bildern lassen sich weitere Informationen, wie Flüssigkeits-Holdup und Phasengrenzflächen gewinnen. Darüber hinaus sind aber auch Geschwindigkeitsinformationen der kontinuierlichen bzw. dispersen Phase einer Rohrströmung von großem Interesse. Die Erfassung von Wirbeln und Turbulenzen in der kontinuierlichen Phase ist jedoch mit Röntgenstrahlung nicht ohne weiteres möglich. Allerdings können für die disperse Phase Blasen- bzw. Tropfengeschwindigkeiten bestimmt werden. Zur Geschwindigkeitsmessung in Strömungen ist die Kreuzkorrelationsmethode anwendbar. Sie basiert auf der statistischen Analyse der Laufzeit von Markierungen in der Strömung. Das können entweder Saatpartikel oder auch kleine Gasblasen in einer dispersen Strömung sein. In jedem Falle werden statistische Schwankungen eines physikalischen Parameters analysiert, die von zwei in einem Abstand L zu einander in der Strömung platzierten Sensoren gemessen werden. Die Laufzeit τ_m der Schwankungsstruktur ist ein Maß für die Geschwindigkeit

$$v = \frac{L}{\tau_m}. \tag{3.27}$$

Im ROFEX-Scanner werden beide Sensoren durch die zwei Bildebenen repräsentiert, siehe Abbildung 3.38. Der betrachtete Parameter ist die Schwächungsverteilung in den jeweiligen Schnittbildern bzw. die ähnlich auftretenden Strukturen in diesen.

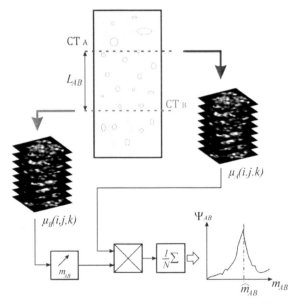

Abbildung 3.38: Zweiebenen-Tomografie mit dem ROFEX. Prinzipbild der Geschwindigkeitsbestimmung aus Schnittbildstapeln mit Kreuzkorrelation.

Durch den Einsatz eines zweiten Detektorrings und einer zweiten Brennfleckbahn, und das aufeinanderfolgende Scannen beider Bahnen werden Projektionsdatensätze $\mu_A(i,j,k)$ und $\mu_B(i,j,k)$ von beiden Bildebenen erfasst, siehe Abbildung 3.39.

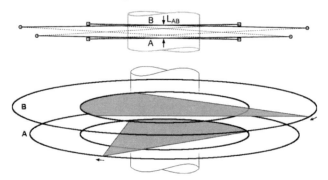

Abbildung 3.39: Geometrie der Abbildungsebene bei der Zweiebenentomografie. Axialschnitt und räumliche Darstellung der beiden Bildebenen mit den Röntgenbrennfleckbahnen A und B, den auf gemeinsamen Radius liegenden Detektorringen, und den das Objekt abtastenden Strahlungsfächern. Kreise bezeichnen Quellpositionen, Quadrate bezeichnen Detektoren.

Beide Projektionsdatensätze zeigen den zeitlichen Verlauf der Phasenverteilung, um den axialen Abstand L_{AB} versetzt. Der Zeitindex k ist hierbei ein Vielfaches des Zeitschritts Δt zwischen zwei aufeinanderfolgenden Schnittbildern einer Bildebene, der durch die Bildrate der Messung bestimmt wird. Indem die Bildstapel, zueinander um verschiedene Werte m_{AB} verschoben werden, multipliziert werden erhält man die normalisierte Kreuzkorrelationsfunktion (KKF)

$$\Psi_{AB}(i,j,m_{AB}) = \begin{cases} \frac{1}{N}\sum_{k=0}^{N-1-m_{AB}} \mu_A(i,j,k) \cdot \mu_B(i,j,k+m_{AB}) & for\ m_{AB} \geq 0 \\ \frac{1}{N}\sum_{k=|m_{AB}|}^{N-1} \mu_A(i,j,k) \cdot \mu_B(i,j,k+m_{AB}) & for\ m_{AB} < 0 \end{cases}. \tag{3.28}$$

Dabei ist N die Größe des für die Korrelation betrachteten Zeitfensters und m_{AB} die Korrelationstiefe, d. h. die Verschiebung der Bildstapel zueinander. Die KKF $\Psi_{AB}(i,j,m_{AB})$ hat ihr Maximum bei jenem Wert $\hat{m}_{AB}$ für den die höchstwahrscheinliche Übereinstimmung beider Bildstapel vorliegt. Daraus lässt sich unter Kenntnis des Bildebenenabstands L_{AB} die höchstwahrscheinliche Geschwindigkeit für jeden Bildpunkt

$$v(i,j) = \frac{L_{AB}}{\hat{m}_{AB}(i,j) \cdot \Delta t} \tag{3.29}$$

im Zeitfenster N berechnen. Für $N \to \infty$ erhält man die Geschwindigkeitsverteilung $v(i,j)$, zeitgemittelt über den ganzen Bildstapel. Mit kleiner gewählten Korrelationsfenstern N, die bei der Berechnung der KKF kontinuierlich über den Bildstapel verschoben werden, erreicht man zeitlich aufgelöste Geschwindigkeitswerte $v(i,j,k)$ für diese gleitenden Bildstapelbereiche. N kann jedoch nicht beliebig klein gewählt werden, da dann die KKF kein eindeutiges Maximum mehr aufweist. Jedoch ist es auf diese

Weise möglich, innerhalb einer Bildsequenz axial aufgelöste Geschwindigkeitsinformationen, wie in Abbildung 3.40 gezeigt, zu erhalten.

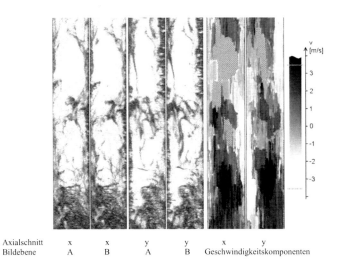

Axialschnitt	x	x	y	y	x	y
Bildebene	A	B	A	B	Geschwindigkeitskomponenten	

Abbildung 3.40: Zeitlich aufgelöste Geschwindigkeitsinformationen in einer Rohrströmung. Links und Mitte: zentrale Axialschnitte durch die Bildstapel. Rechts: Geschwindigkeitskomponenten, dargestellt in willkürlichen Grauwerten. Als Korrelationsfenster wurde N=100 gewählt.

Die erreichbare Genauigkeit der Geschwindigkeitsberechnung wird vor allem von zwei gegensätzlichen Parametern bestimmt. Erstens muss eine Ähnlichkeit der Strukturen in beiden Ebenen vorhanden sein. Das wird erreicht durch möglichst geringen Abstand der Bildebenen, damit sich die Strömung während der Passage zwischen den Ebenen kaum ändert. Dem entgegensteht, zweitens, der Diskretisierungsfehler, der durch die Schnittbildrate gegeben ist. Je größer der axiale Abstand der Bildebenen gewählt wird, desto höher ist die Anzahl der Schnittbilder während der Laufzeit der Struktur zwischen den Ebenen, d. h. desto feiner kann die Laufzeit τ_m aufgelöst werden. Es gilt einen Kompromiss zu finden. Im ROFEX ist der Ebenenabstand darüber hinaus möglichst gering gewählt, damit die Schärfe des Röntgenbrennflecks, die von der Zeigerlänge des Elektronenstrahls abhängig ist, beim Wechsel der Ebenen nicht nachfokussiert werden muss. Der Strahlerzeuger des ROFEX besitzt keine dynamische Fokussierung. In früheren Arbeiten am HZDR wurde der Zusammenhang des Ebenenabstands und resultierenden Geschwindigkeitsfehlers bereits untersucht [80]. Abbildung 3.41 zeigt dies für drei Leerrohrgeschwindigkeiten. Auf Basis dieser Daten und unter Berücksichtigung der statischen Fokussierung des Röntgenbrennflecks wurde ein Ebenenabstand von 11 mm festgelegt. Damit bleibt der Geschwindigkeitsfehler bei Strömungsgeschwindigkeiten bis 4 m/s im Bereich von unter 10%.

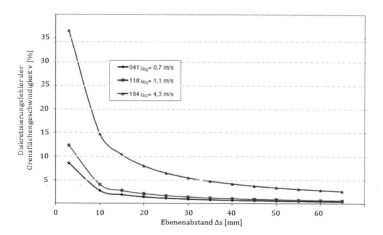

Abbildung 3.41: Diskretisierungsfehler bei der Bestimmung der Grenzflächengeschwindigkeit. Diskretisierungsfehler in Abhängigkeit vom Bildebenenabstand für drei typische Strömungs-geschwindigkeiten. Der Diskretisierungsfehler wächst rapide bei der Unterschreitung des Ebenenabstands unter 10 mm.

Da das statistische Verfahren der Kreuzkorrelation die höchstwahrscheinlichste Geschwindigkeit der Strömung liefert, ist es besonders sensitiv auf viele kleine Blasen. Wenige große Blasen in der Strömung tragen kaum zum Ergebnis bei. Dies lässt sich an der Standardabweichung der Geschwindigkeitsbestimmung nach [91]

$$\sigma(\hat{m}_{AB}) = \frac{K}{f\sqrt{f \cdot N}} \cdot \sqrt{1 + \frac{1}{\Psi_{AB}^2(\hat{m}_{AB})}} \qquad (3.30)$$

erkennen. K ist hier ein Anpassungsfaktor an das Experiment, f ist die Frequenz des korrelierten Signals. Je höher f, d. h. je kleiner die Blasen, desto kleiner wird $\sigma(\hat{m}_{AB})$. Eine andere Variante der Geschwindigkeitsbestimmung aus Messdaten des ROFEX mit Hilfe der Kreuzkorrelation ist in [89] beschrieben. Hierbei werden einzelne markierte Partikel in einer Partikelschüttung, einem so genannten Spout fluidized bed, in den ROFEX-Bildstapeln verfolgt, und unter Kenntnis der Größe dieser ihre Verweilzeit in der Bildebene genutzt, um lokale Geschwindigkeitsfelder zu bestimmen.

Kapitel 4

Ausgewählte Experimente

In diesem Kapitel wird anhand ausgewählter Beispiele das Bildgebungspotenzial des ROFEX aufgezeigt. Neben der primären Verwendung des Scanners an Rohrströmungen der Versuchsanlage TOPFLOW werden vor Allem auch neue Perspektiven bei Untersuchungen in Strömungseinbauten und komplexen Geometrien eröffnet.

4.1 Hochaufgelöste Gasgehaltsbestimmung in einer vertikalen Rohrströmung an der TOPFLOW-Versuchsanlage

Ziel bei der Entwicklung des ROFEX-Scanners war es, ein bildgebendes Messsystem zur Verfügung zu stellen, das die Phasenverteilung im Querschnitt beliebiger Zwei- oder mehrphasiger Strömung zeitlich und räumlich hochaufgelöst und berührungsfrei messen, und so den Gittersensor [19], [21] ablösen kann. Außerdem lassen sich mit der ultraschnellen Röntgentomografie auch Strömungsformen untersuchen, für die der Gittersensor ungeeignet ist. So zum Beispiel Strömungen mit sehr geringen Geschwindigkeiten. Die primäre Anwendung des Scanners sind Untersuchungen an einer Rohrströmung in der vertikalen Teststrecke der thermohydraulischen Versuchsanlage TOPFLOW. Im Rahmen des BMWi-Projekts „TOPFLOW-Experimente, Modellentwicklung und Validierung von CFD-Codes für Wasser-Dampf-Strömungen mit Phasenübergang" (Fördernummer 150 1329) [22], wurden umfangreiche Experimente zu zweiphasigen Strömungen Luft/Wasser sowie Dampf/Wasser durchgeführt.

4.1.1 Hintergrund

Die thermohydraulische Versuchsanlage TOPFLOW dient zur experimentellen Untersuchung von Rohrströmungen bei Drücken bis 70 bar und einer Sättigungstemperatur bis 286 °C, so wie sie in Siedewasserreaktoren vorzufinden sind. Abbildung 4.1 zeigt ein Anlagenschema. Der elektrische Heizer der Anlage kann bei einer Leistungsaufnahme von max. 4 MW 1,2 kg/s Sattdampf bei 65 bar erzeugen und damit entweder den Teststreckenkreislauf mit den vertikalen Teststrecken DN50 und DN200 (Pfeil in Abbildung 4.1) oder den TOPFLOW Drucktank beschicken, in dem Strömungsexperimente bei 50 bar im Druckgleichgewicht möglich sind. Damit lässt die Anlage einzigartige Experimente unter realitätsnahen Bedingungen zu.

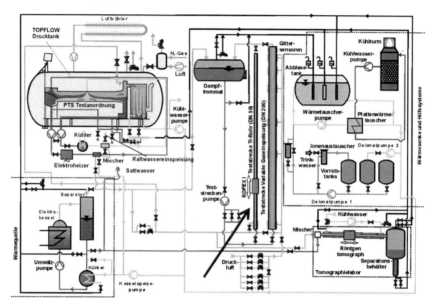

Abbildung 4.1: Anlagenschema der TOPFLOW-Versuchsanlage. In der Bildmitte (Pfeil), findet sich die vertikale Teststrecke DN50, an der der Röntgentomograf ROFEX installiert ist. (entnommen [81])

Eine ausführliche Beschreibung der Versuchsanlage und ihrer Instrumentierung findet sich in [68]. Neben den eigentlichen Experimenten zur Strömungsphysik dient die Anlage auch zur Weiterentwicklung und Erprobung neuartiger Strömungsmesstechnik, wie Leitfähigkeits- und Kapazitätsgittersensoren, Nadelsonden, schneller Thermoinstrumentierung und dem ROFEX.

4.1.2 Experimentalaufbau

Um mit dem ROFEX-Scanner an der vertikalen Teststrecke DN50 messen zu können, wurde diese aus einer Titanlegierung gefertigt. Titan hat den Vorteil einer höheren Festigkeit gegenüber Stahl. Die dadurch mögliche geringere Wandstärke bei gleichem Auslegungsdruck der Versuchsanlage erlaubt ein akzeptables SNR am Detektor des ROFEX, trotz des vergleichsweise geringen Penetrationsvermögens der verwendeten Röntgenstrahlung. Das Rohr der Teststrecke hat einen Innendurchmesser von 54,8 mm und eine Wandstärke von 1,6 mm. Abbildung 4.2 zeigt das Schema und ein Foto des ROFEX an der Teststrecke sowie ein Foto des Gaseinspeisemoduls, welches am unteren Ende der Teststrecke eingebaut ist. Das Gaseinspeisemodul vereint 3 Kanülringe mit insgesamt 40 Injektionsnadeln, durch welche Luft oder Wasserdampf in die Wasservorlage in der Teststrecke definiert eingespeist werden kann. Durch Kombination der Durchsätze von Gas und Flüssigkeit lassen sich verschieden Strömungsformen einstellen. Für die Experimente kommen drei verschiedene Einspeisemodule zum Einsatz, deren Kanülringe z. T. einzeln zuschaltbar sind, um in einem weiten Bereich des Gasvolumenstroms eine möglichst gleichmäßige Verteilung des eingespeisten Gases im Rohrquerschnitt zu erreichen.

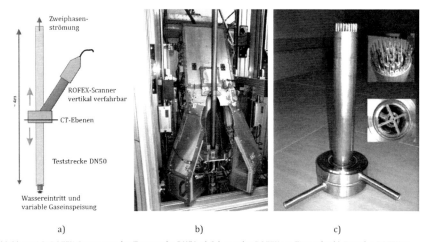

a)   b)   c)

Abbildung 4.2: ROFEX-Scanner an der Teststrecke DN50. a) Schema des ROFEX am Titanrohr; b) Foto des ROFEX in der Hubeinheit am Rohr mit geöffnetem Strahlenschutzgehäuse; c) variables Gaseinspeisungsmodul.

Da für das Verständnis der Strömungsphysik insbesondere die Entwicklung der Strömung nach der Einspeisung und entlang des Rohres von Bedeutung ist, hängt der ROFEX in einer Hubeinrichtung, mit deren Hilfe er über 3,27 m entlang der 4 m langen Teststrecke stufenlos verfahren werden kann. Die Nichtinvasivität des ROFEX hat hier den Vorteil gegenüber bisheriger Gittersensormessungen, dass die Strömung einmal eingestellt, und dann an verschiedenen Höhenpositionen gescannt werden kann. Ein Umrüsten des Einspeisers und Wiederanfahren der Strömung zwischen den Messungen, wie in [80] beschrieben, ist nicht länger nötig. Tabelle 4-1 zeigt die absoluten vertikalen Messpositionen bezogen auf die Einspeiserspitzen (z= 0 mm). In Abbildung 4.3 ist die Experimentalmatrix mit den Leerrohrgeschwindigkeitskombinationen Luft und Wasser für die Messreihe der aufwärtsgerichteten Strömungen abgebildet. Für jeden der darin farbig markierten Messpunkte wurden in allen ausgewählten Messebenen zwei Zweiebenen-Scans mit je 10 Sekunden Messdauer durchgeführt. Beide Scans wurden dann gemeinsam analysiert und ausgewertet. Die Bildrate wurde mit 2500 fps gewählt, was einen guten Kompromiss zwischen Zeitauflösung und erreichbarer Ortsauflösung darstellt. Bei einigen Messpunkten mit geringen Strömungsgeschwindigkeiten wurde die Bildrate zu Gunsten besserer

Ortsauflösung und SNR reduziert. Aus den tomographischen Schnittbildsequenzen wurden orts- und zeitaufgelöste Gasgehalte bestimmt sowie Blasengrößenverteilungen und die Phasengrenzflächen abgeleitet.

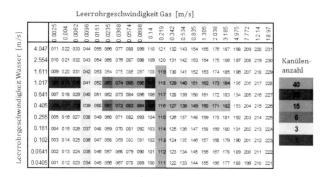

Abbildung 4.3: Experimentalmatrix für die Messreihe der aufwärtsgerichteten Strömungen. Für jeden Punkt der Messmatrix werden Messungen an allen vertikalen Messpositionen durchgeführt.

5.1.3 Ergebnisse

Die Ergebnisse dieser Experimente sind ausführlich in [81] und [82] dargestellt. Hier dienen sie beispielhaft zur Demonstration des Bildgebungspotentials des ROFEX. Abbildung 4.4 zeigt virtuelle Seitenansichten, die aus tomographischen Schnittbildsequenzen generiert wurden.

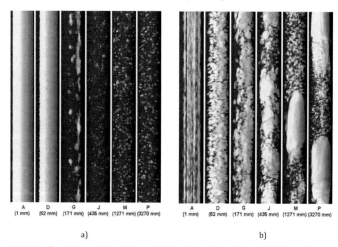

Abbildung 4.4: Virtuelle Seitenansichten tomografischer Datensätze einer Luft/Wasser-Strömung (orange: Gasphase, blau: Flüssigphase). Es ist die Entwicklung bzw. das Einlaufen der Strömung in Abhängigkeit von der Messhöhe (Punkte A bis P) deutlich zu erkennen. a) Messpunkt 074, fein disperse Blasenströmung; b) Messpunkt 116, turbulent aufgewühlte Strömung mit Ausbildung von Taylor-Blasen.

Dabei ist zu beachten, dass die vertikale Achse im Bild eine Zeitdimension darstellt, da die Tomografie 2D-Schnittbildsequenzen als Funktion der Zeit generiert. Die Zeitauflösung betrug im Beispiel 2500 Schnittbilder pro Sekunde. Unter Berücksichtigung der mittleren Geschwindigkeit der Strömung wurde die axiale Zeitdimension der Messsequenzen in eine Wegdimension umgerechnet. Dadurch wird die Darstellung der Strömungsstruktur pseudo-3D möglich. Dies verschafft eine intuitive Wahrnehmung der Strömungsgestalt, allerdings ist die geometrische Ausdehnung in axialer Richtung in dieser Darstellung keine echte Raumdimension. Die Abbildungen 4.5 und 4.6 zeigen radiale Blasengrößenverteilungen und Gasgehaltsprofile für verschiedene Messhöhen zweier ausgewählter Messpunkte der Experimentalmatrix in Abbildung 4.3. In beiden Messpunkten lässt sich in den radialen Gasgehaltsprofilen eine deutliche Strömungsentwicklung erkennen. Direkt hinter der Gaseinspeisung in Messposition A findet sich das Gas örtlich stark begrenzt im Bereich der Kanülen vor. Im weiteren axialen Verlauf bildet sich zunehmend ein typisches, zum Rohrrand hin abfallendes, Gasgehaltsprofil aus. Die Blasengrößenverteilung zeigt bei Messpunkt #050 eine typische Blasenströmung, wogegen in den Daten von Messpunkt #117 deutlich eine turbulent aufgewühlte Strömung mit der Ausbildung großer Hutblasen nach längerer Einlaufstrecke erkennbar ist.

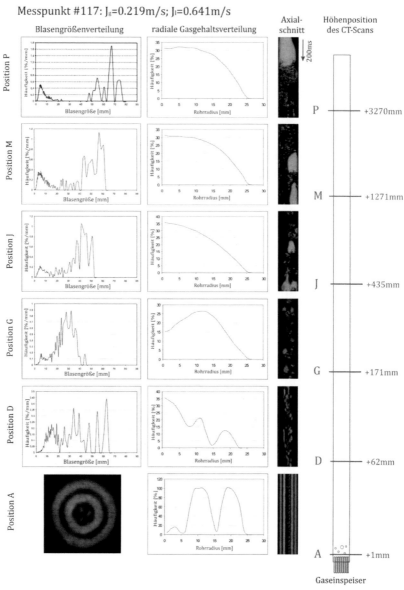

Abbildung 4.5: Blasengrößen und Gasgehaltsprofile in verschiedenen Messhöhen für Messpunkt #117. Leerrohrgeschwindigkeit Wasser = 0,641 m/s; Leerrohrgeschwindigkeit Luft = 0,219 m/s. Messfrequenz 2500 fps, Messdauer 20 Sekunden. Für Messposition A kann keine Blasengrößenverteilung angegeben werden (Gasringe).

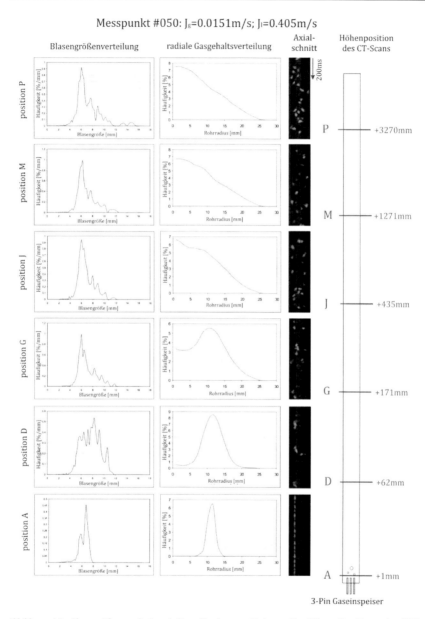

Abbildung 4.6: Blasengrößen und Gasgehaltsprofile in verschiedenen Messhöhen für Messpunkt #050. Leerrohrgeschwindigkeit Wasser = 0,405 m/s; Leerrohrgeschwindigkeit Luft = 0,015 m/s. Messfrequenz 2500 fps, Messdauer 20 Sekunden.

Mit Hilfe der ultraschnellen Elektronenstrahl-Röntgentomografie ist es auch erstmals gelungen, Einblicke in Details der Strömung zu erlangen, die mit keinem anderen Messverfahren sichtbar sind. Abbildung 4.7 zeigt eine Auswahl. Es sind virtuelle Seitenansichten und Axialschnitte von Schnittbildsequenzen dargestellt. Es gelingt in den Daten Phänomene wie einzelne Wassertropfen auf der Phasengrenzfläche einer Taylorblase zu beobachten (Abbildung 4.7d) oder die Ausprägung einer Doppelspitze einer großen „Hutblase" (Abbildung 4.7a) zu beobachten. Der Blasenschwarm im Nachlauf einer großen „Hutblase" (Abbildung 4.7a) ist erstmals ungestört zu beobachten. Bisweilen zeigen sich auch Wasserlamellen als residuale Trennwände mehrerer großer Blasen, die sich in Koaleszenz befinden (Abbildung 4.7b, c). Diese Beobachtung ist bemerkenswert, da Erstens jedes andere auf Sonden basierende Messsystem, wie Nadelsonden und Gittersensor, diese Lamellen zerstört bzw. nicht korrekt abbildet. Zweitens birgt diese Beobachtung auch die Erkenntnis, dass Blasen beim Zusammentreffen nicht zwangsläufig sofort koaleszieren. Damit liefert die ultraschnelle Röntgentomografie einen wichtigen Betrag zur Erweiterung des Verständnisses zweiphasiger Strömungen und zur Ertüchtigung numerischer Modelle.

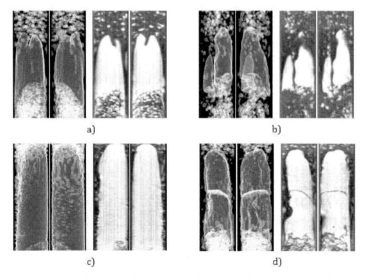

Abbildung 4.7: Details der Strömung, visualisiert mit dem ROFEX-Scanner (entnommen aus [92]). a) Doppelspitze einer großen „Hutblase" und Blasenschwarm in ihrem Nachlauf; b) vertikale Wasserlamelle zwischen zwei Blasen; c) zwei Gasblasen durch horizontale Wasserlamelle getrennt; d) kleine Gasblasen an der Oberfläche einer Taylorblase. Blau/gelb: virtuelle Seitenansichten, Grauwertbilder: Längsschnitte.

4.2 Untersuchung der dynamischen Flüssigkeitsverteilung in der strukturierten Packung einer Trennkolonne

Trennkolonnen mit strukturierten Packungen stellen ein Untersuchungsobjekt dar, in welchem aufgrund metallischer Einbauten bisher mit keinem Messverfahren die dynamische Flüssigkeitsverteilung örtlich und zeitlich hoch aufgelöst gemessen werden konnte. Die Technik der ultraschnellen Röntgentomografie beschreitet hier Neuland und leistet damit einen wesentlichen Beitrag zum Erkenntnisgewinn und der Weiterentwicklung physikalischer Modelle in der Verfahrenstechnik.

4.2.1 Hintergrund

In Trennkolonnen, die im industriellen Maßstab bei Absorptions- und Destillationsprozessen genutzt werden, kommen verstärkt strukturierte Packungen zum Einsatz. Diese Packungen bestehen meist aus geprägten Metallfolien, die derart angeordnet sind, dass sie eine Vielzahl geneigter Strömungskanäle bilden. Abbildung 4.8 zeigt eine solche Packung.

Abbildung 4.8: Strukturierte Packung Typ Montz B1-MN. a) Foto eines Packungssegments B1-350MN, mit Durchmesser 60 mm. b) Detailaufname (entnommen [Janzen et al. 12])

Um eine Quervermischung der fluiden Phasen zu ermöglichen, werden strukturierte Packungen in Trennkolonnen in Segmenten jeweils um 90° verdreht hintereinander angeordnet. Trennkolonnen werden im Gegenstrom mit Dampf (Gas) und Flüssigkeit betrieben. Dabei soll die oben aufgegebene Flüssigkeit die Packungsoberfläche möglichst vollständig benetzen und Filme ausbilden. Hier zeichnen sich die Packungen insbesondere durch ihre hohe geometrische Oberfläche bei gleichzeitig deutlich geringeren Druckverlust im Vergleich zu regellosen Packungen (z. B. Raschigringe) aus, was letztendlich zu einer hohen Separationseffizienz führt. Zusätzlich wird durch die gerichtet Strömung in den

Strukturen der Flutpunkt, oberhalb dessen kein Kolonnebetrieb mehr möglich ist, zu höheren Durchsätzen verschoben, wodurch die Kapazität der Kolonnen deutlich erhöht wird.

Modelle zur Auslegung von Trennkolonnen mit strukturierten Packungen nehmen bisher stets eine Gleichverteilung des Gases und, im Besonderen, der Flüssigkeit innerhalb der gesamten Packung an [83]. Tatsächlich hängt die Flüssigkeitsverteilung jedoch von vielen Kolonnen- und Betriebsparametern (z. B. von Benetzungseigenschaften der Packung, Gas- und Flüssigkeitsdurchsätze) ab.

Experimentell wird die Flüssigkeitsströmung in strukturierten Packungen hauptsächlich durch die Verweilzeit und ihre örtliche Verteilung am Packungsboden charakterisiert und Differenzdruckdaten korreliert. Letztendlich hängt die Trennung jedoch von den lokalen Strömungsbedingungen ab. Gerade für die Charakterisierung bestehender und Entwicklung neuartiger strukturierter Packungen ist die Kenntnis über die Flüssigkeitsverteilung innerhalb der Packung als Funktion der Zeit essentiell. Bisher war kein räumlich und zeitlich hochauflösendes Messsystem in der Lage, dafür Daten zu generieren. Mit Anwendung der ultraschnellen Röntgen-CT gelingt nun erstmals der berührungslose Einblick in solche Strukturen.

4.2.2   Experimentalaufbau

In einem Schlüsselexperiment in Zusammenarbeit mit der Universität Paderborn, Lehrstuhl für Fluidverfahrenstechnik, wurden die Möglichkeiten der Bildgebung an einer strukturierten Packung (Montz B1-MN-500) mittels ROFEX getestet. Dazu wurden mehrere zylindrische Packungselemente mit einem Durchmesser von 80 mm und einer Länge von je 20 cm in ein Acrylrohr mit Außendurchmesser 90 mm eingebaut und im ROFEX installiert. Ein mit deionisiertem Wasser betriebener Kreislauf und ein Gebläse versorgten die Packung mit Gas und Flüssigkeit im Gegenstrom. Das Wasser wurde von oben, die Luft von unten eingespeist. Abbildung 4.9 zeigt den Versuchsaufbau mit Markierung der Messebenen und ein Schema der Peripherie. Weitere Details sind der hierzu erschienenen Veröffentlichung [84] zu entnehmen. Die Experimente wurden bei Umgebungstemperatur und –druck durchgeführt. Die Bildrate wurde bei diesen Messungen mit 2000 fps gewählt, d. h. die Messzeit für ein Schnittbild betrug 500 µs. Die Packung wurde zunächst komplett trocken gescant, um eine Referenzmessung der Packungsgeometrie zu erhalten. Das hat den Vorteil, dass später in den rekonstruierten Bildern die Packungsstrukturen nicht mehr vorhanden sind, und lediglich die Flüssigphase in ihrem dynamischen Verhalten extrahiert wird.

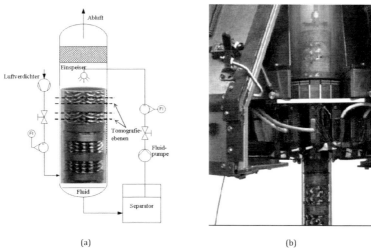

(a)   (b)

Abbildung 4.9: Versuchsstand der Trennkolonne mit strukturierter Packung im ROFEX. a) Schema des Versuchsaufbaus mit eingezeichneter Lage der Tomografieebenen. b) Foto des eingebauten Versuchsstandes im CT

4.2.3 Ergebnisse

Abbildung 4.10 zeigt zeitgemittelte Bilder dreier Flüssigkeitsanteile in der Packung unter verschiedenen Strömungsbedingungen.

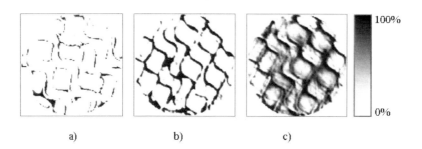

a)   b)   c)

Abbildung 4.10: Zeitgemittelte Flüssigkeitsanteile im Querschnitt der Packung (Montz B1-350MN). Die Grauwerte geben den prozentualen Flüssigkeitsanteil wieder. a) U_L = 15 m^3/m^{2}h; F-Faktor = 2.4 Pa$^{0.5}$, b) U_L = 25 m^3/m^{2}h; F-Faktor = 1.5 Pa$^{0.5}$, c) U_L = 25 m^3/m^{2}h; F-Faktor = 2.7 Pa$^{0.5}$.

Bei niedrigen Flüssigkeitsbelastungen (Abbildung 4.10a) bildet sich bevorzugt eine Filmströmung auf Teilen der Metalllamellen der Packung aus. Bei höheren Flüssigkeitsbelastungen (Abbildung 4.10b) wir die Packung nahezu vollständig benetzt und die Filme werden dicker. An einigen Stellen, insbesondere an den Kontaktpunkten der Lamellen akkumuliert die Flüssigkeit. Mit zunehmender Flüssigkeitsbelastungen nehmen die Gas-Flüssig-Wechselwirkungen zu, die Filmströmung wird instabiler bis der Flutpunkt (Abbildung 4.10c) erreicht wird. Während einige Strömungskanäle teilweise geflutet werden, existieren ebenfalls Bereiche gänzlich ohne Flüssigkeitsbeladung. Über die Art und Häufigkeit der örtlichen Flüssigkeitsbeladung gibt die Auswertung der Einzelbilder Aufschluss. Abbildung 4.11 zeigt eine Schnittbildsequenz und den Verlauf des Flüssigkeitsanteils als Funktion der Zeit für einen Punkt im Querschnitt (nahe einer Lamelle).

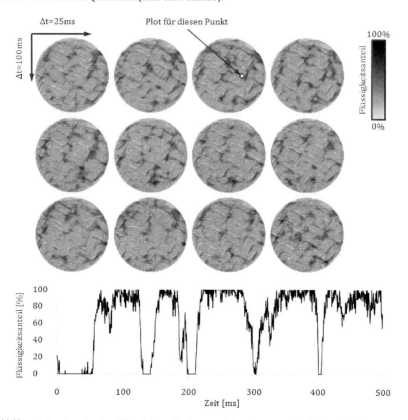

Abbildung 4.11: Dynamik des Flüssigkeitsanteils. Oben: Schnittbildsequenz von 300 ms. Dunkle Grauwerte repräsentieren Flüssigkeit. Unten: Flüssigkeitsanteil als Funktion der Zeit im ausgewählten Punkt der Schnittbildsequenz.

4.3 Visualisierung von Siedevorgängen in einer 3x3 Brennstabanordnung

Die experimentelle Untersuchung von Strömungsvorgängen innerhalb von Rohrbündelstrukturen, wie sie zum Beispiel in Wärmetauschern oder dem Kern von Leichtwasserreaktoren vorkommen, stellt ein interessantes Anwendungsbeispiel für die ultraschnelle Röntgentomografie dar. Die strahlungsbasierte, berührungslose Bildgebung des ROFEX liefert Messdaten in bisher nicht gekannter räumlicher und zeitlicher Auflösung.

4.3.1 Hintergrund

Bei Wärmeübertragungsprozessen bei denen große Mengen Wärme zu übertragen sind, ist es üblich, Phasenübergänge des Fluids (Verdampfung und Kondensation) zu nutzen, da hierbei erhebliche Wärmemengen durch die latente Wärme übertragen werden können. Siedender Wärmeübergang findet sich in industriellen Verdampfern, z. B. in Kraftwerken und Destillationskollonen, aber auch in Klimaanlagen. Von besonderer Bedeutung sind die Siedevorgänge in den Brennelementen von Leichtwasserkernreaktoren (Abbildung 4.12). In einem Druckwasserreaktor werden die zum Teil erheblichen Wärmestromdichten auf der Oberfläche der Brennstäbe, die durch den radioaktiven Zerfall des Kernbrennstoffs im Stab entstehen, durch lokales Sieden an das umgebende Wasser abgeführt. Die Effizienz dieses Vorgangs kann durch die Anordnung der Brennstäbe und ihren Abstand, sowie durch geeignete Strömungsleitbleche an den Abstandhaltern beeinflusst werden. Primäres Ziel ist die Optimierung der Durchströmung des Brennstabbündels und damit des Wärmetransports. Es soll unter allen Umständen eine lokale Überhitzung an den Brennstäben (Siedekrise) bei hoher Leistung des Reaktors vermieden werden.

Fernziel ist die mathematische Beschreibung der Wärmeübergänge im Brennstabbündel und die Möglichkeit der CFD-Simulation dieser Vorgänge. Dafür bedarf es umfangreicher experimenteller Daten. Neben Druck und Wandtemperatur sind das vor allem die Größe und räumliche Verteilung der Dampfblasen im Bündel. Mangels Zugänglichkeit für verschiedene Messtechniken ist dieser Informationsgewinn aber nur sehr begrenzt. Die ultraschnelle Röntgentomografie ist hier ein vielversprechendes Verfahren, das das dynamische Verhalten der durch den Siedevorgang erzeugten zweiphasigen Strömung berührungsfrei sowie räumlich und zeitlich hochaufgelöst vermessen kann. Im Rahmen eines vom BMBF geförderten Verbundprojekts [85] wurde deshalb der ROFEX an einem Strömungsexperiment mit einer 3x3 Brennstabnachbildung genutzt. Das Projekt soll helfen, die Bedingungen des Auftretens von Siedeblasen zu erkennen, sowie das Wachstum und die Dynamik der Blasenschwärme und die Wechselwirkung der freien Zweiphasenströmung im Stabzwischenraum mit den Wandsiedeprozessen besser zu verstehen. Die auftretenden Dampfblasen liegen unterhalb der Auflösungsgrenze des ROFEX, weswegen ein Studium der Entstehung von Einzelblasen, ihr Wachstum und die Ablösevorgänge nicht möglich sind. Aber es kann das dynamische Verhalten der Blasenschwärme sowie die Hydrodynamik der Zweiphasenströmung im Stabbündel aufgeklärt werden.

Abbildung 4.12: Brennelement eines Druckwasserreaktors.

4.3.2 Experimentalaufbau

Experimente im Parameterbereich eines Druckwasserreaktors (155 bar, 345 °C) sind mit erheblichen Schwierigkeiten verbunden. Ebenfalls ist es kaum möglich, größere Brennstabbündel mit vertretbaren Experimentkosten zu untersuchen. Durch hydro-dynamische Skalierung können aber wesentliche Effekte auch in kleiner Skale und bei leichter zu handhabenden Parametern untersucht werden. Deshalb wurde ein Druckwasserreaktor-Brennstabbündel mit 3x3 Stäben im Querschnittsmassstab 1:1 in einem 50 mm Acrylglasrohr nachgebildet und in einer Versuchsschleife mit dem Kältemittel RC318 als Fluid betrieben. Das Kältemittel siedet bereits bei ca. 40 °C bei einem Betriebsdruck von 5,5 bar. Der Versuchsaufbau kann dadurch technisch einfach gestaltet werden und der Siedeprozess ist auch für optische Messtechnik und Standardthermoinstrumentierung zugänglich. Die notwendigen sehr hohen Wärmestromdichten auf der Heizstaboberfläche lassen sich mit direkter Heizung durch elektrischen Strom effektiv erreichen. Abbildung 4.13 zeigt ein R&I-Schema der Versuchsanlage. Mittels umfangreicher Steuerungs- und Regeltechnik können Durchsatz und Temperatur des Kältemittels im Bündel eingestellt und konstant gehalten werden.

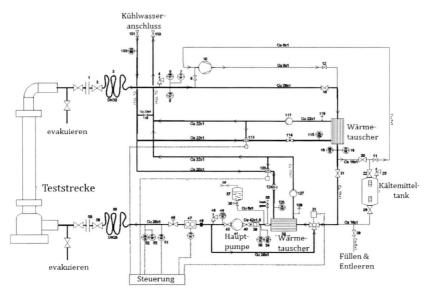

Abbildung 4.13: R&I-Schema der Bündelversuchsanlage mit Kältemittel RC318.

Die Testsektion besteht aus einem Hüllrohr aus Acrylglas und Stäben aus Titanrohren mit einer Wandstärke von 0,3 mm. Die dünne Wandstärke ist einerseits notwendig, um einen ausreichenden elektrischen Widerstand in der Heizzone zu erreichen, andererseits um die Schwächung für Röntgenstrahlung bei hinreichender mechanischer Stabilität gering zu halten. Abbildung 4.14 zeigt die Teststrecke. Die Heizzone erstreckt sich über 300 mm. Die Bildebene des ROFEX kann über diesen Bereich frei verfahren werden, um die Zweiphasenströmung in axialer Richtung abbilden zu können. Die Titanrohre sind in diesem Bereich mit Luft gefüllt, oberhalb und unterhalb der Heizzone sind Kerne aus Kupfer eingebracht, um den elektrischen Widerstand in diesen Bereichen zu senken und den Heizwärmestrom nur im Bereich der Heizzone zu konzentrieren.

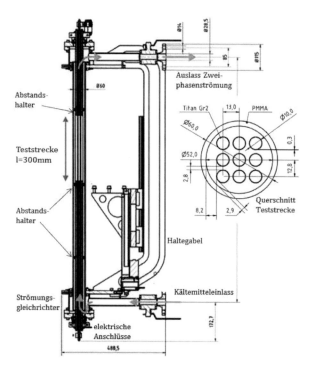

Abbildung 4.14: Bündelexperiment. Die Abbildung zeigt die Testsektion mit dem Stabbündel und eingezeichneter Beobachtungsstrecke. Pfeile markieren die Strömungsrichtung des Kältemittels. Rechts im Bild eine Schnittdarstellung der Bündelgeometrie der Teststrecke.

Die Heizung des Bündels erfolgt direkt durch elektrischen Strom. Jeder stromdurchflossene Leiter ist von einem Magnetfeld umgeben. Dieses Magnetfeld hätte deutliche Auswirkungen auf das Strahlablenksystem des ROFEX, was zu unkalkulierbaren Ortsfehlern des Röntgenbrennflecks führen und eine Anwendung der ultraschnellen Röntgentomografie am Bündel unmöglich machen würde. Aus diesem Grund sind der mittlere Stab und die umliegenden 8 Stäbe in Reihe geschaltet. Mit dieser quasi-Koaxialanordnung wird das resultierende das Bündel umgebende Magnetfeld soweit reduziert, dass die Tomografie mit freiem Elektronenstrahl möglich wird. Darüber hinaus ergibt sich der Vorteil, dass ein Heizleistungsverhältnis des inneren zu den äußeren Stäben von 64:1 erreicht wird. So werden Siedeeffekte ausschließlich am inneren Stab erzeugt, was auch die Randbedingungen für eine Nachrechnung der Experimente mit CFD-Codes vereinfacht. Abbildung 4.14 zeigt das Testbündel und seinen Querschnitt. Der innere Heizstab ist mit umfangreicher Thermoinstrumentierung ausgestattet um genaue Kenntnis der Wandtemperatur entlang der Heizzone an verschiedenen Punkten auf dem Umfang zu erhalten.

4.3.3 Ergebnisse

Für die hier vorgestellte Ergebnisse wurden für einen konstanten Flüssigkeitsdurchsatz von 0,51 m/s und 6,5 K Unterkühlung die Heizleistung erhöht. Es wurden Schnittbildsequenzen mit 2000 Bildern pro Sekunde mit einer Messzeit von 5 Sekunden aufgenommen. Die CT-Ebene befand sich 5 cm unterhalb des oberen Endes der beheizbaren Zone. Abbildung 4.15 zeigt für fünf verschiedene Heizleistungen die zeitlich gemittelte Gasverteilung im Bündelquerschnitt. Darunter ist die Gasbeladung der abgerollten Oberfläche des inneren Stabes über der Zeit aufgetragen.

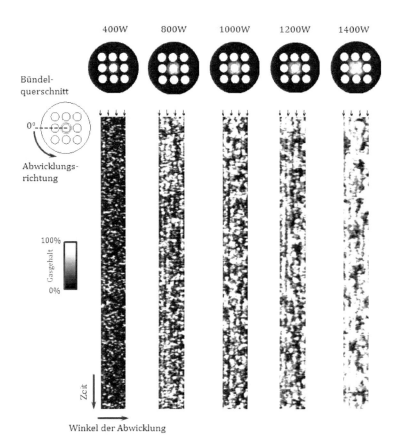

Abbildung 4.15: Gasgehalt im Brennstabbündel. Zeitgemittelter Gasgehalt im Bündelquerschnitt (obere Reihe) und zeitlich aufgelöste Gasbeladung in der Nähe der Oberfläche des mittleren Stabes. Darstellung als Abwicklung über der Zeit. Man sieht mit wachsender Heizleistung den zunehmenden Gasgehalt auf der Staboberfläche. Ferner ist eine Abwicklungswinkelabhängige Struktur in der Gasbeladung zu erkennen, die ihre Ursache im Wechsel zwischen den Unterkanälen und den Kanalverengungen in Richtung der benachbarten Stäbe (Pfeile) hat.

Es zeigt sich ein Übergang von Einzelblasen hin zu Bereichen mit geschlossenem Gasfilm bei höheren Heizleistungen. Darüber hinaus erkennt man den Drang der Gasblasen, aus den engen Zwischenräumen zwischen den Stäben in die Unterkanäle zu driften. Es sind Winkelbereiche sichtbar, in denen wenig bzw. gehäuft Gas abgebildet wird. Allgemein scheinen die auftretenden Siedeblasen größer zu sein, als in der Theorie vorausgesagt wird. Ob diese Erscheinung bereits auf Koaleszenz sehr kleiner Blasen kurz nach Verlassen der Siedekeimstelle zurückzuführen ist, ist Gegenstand weiterer Experimente.

In einem zweiten Experiment wurde der Einfluss der Abstandshalter zwischen den Stäben auf die Strömung im Bündel untersucht. Abstandshalter fixieren die Stäbe im Bündel untereinander und halten sie auf gleicher Distanz. Darüber hinaus sind an ihnen Strömungsleitbleche angebracht die, je nach Art und Form für Drall oder Querbewegungen der Flüssigkeit im Bündel sorgen. So wird eine bessere Durchmischung und letztlich ein effektiver Abtransport des Wärmestroms von den Staboberflächen im Bündel bewirkt. Abbildung 4.16 zeigt zwei Arten generischer Strömungsleitbleche, die im Experiment in ihrer Wirkung verglichen wurden. Dazu wurden Scans bei konstanter Strömungsgeschwindigkeit und Heizleistung mit beiden Blechen sowie dem Abstandshalter ohne Strömungsleitbleche durchgeführt. Tomografische Scans erfolgten in 5 verschiedenen Abständen hinter dem Abstandshalter. Diese wurden als Vielfache des hydraulischen Durchmessers mit 0,5 D bis 20 D gewählt, um die Entwicklung der Vermischung in axialer Richtung vergleichbar beurteilen zu können.

a)   b)

Abbildung 4.16: Fotografien der verwendeten Abstandhalter mit Strömungsleitblechen. a) „split vane"-Bauform b) "swirl vane"-Bauform

In den Schnittbildsequenzen der Messungen mit 2000 Bildern je Sekunde konnte der Einfluss der Strömungsleitbleche auf die Strömung beobachtet werden. Dazu wurde zunächst ein zeitgemitteltes Bild über den gesamten Bildstapel berechnet, und dann für jedes Pixel im Stapel die Standardabweichung bestimmt. Dadurch lässt sich anschaulich das Vermischungsverhalten zwischen den Datensätzen vergleichend darstellen (Abbildung 4.17). Helle Grauwerte deuten auf Bereiche großer Schwächungswertänderung während einer Messsequenz hin. Je weiter diese hellen Bereiche in die Unterkanäle hineinreichen, desto ausgeprägter findet eine Durchmischung statt.

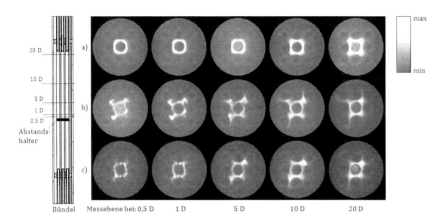

Abbildung 4.17: Einfluss auf das Vermischungsverhalten der Strömungsleitbleche. Die Abbildung zeigt die Standardabweichung der rekonstruierten Schwächungswerte in den Schnittbildsequenzen, gemessen in 5 verschiedenen Abständen zum Abstandshalter. a): ohne Strömungsleitblech, b) mit „Swirl vane" und c) mit „split vane"-Bauform.

Zusammenfassung

Mit dieser Arbeit wird ein neuartiges Messverfahren zur Analyse von Mehrphasenströmungen vorgestellt. Mit dem ultraschnellen Röntgentomografen ROFEX gelingt es erstmals, die Dynamik hochtransienter Strömungsvorgänge mit hoher räumlicher und zeitlicher Auflösung berührungsfrei, d. h. ohne Rückwirkung des Messsystems auf die Strömung selbst, zu erfassen.

Dazu wurde ein statischer Elektronenbeschleuniger genutzt und mit einem speziell entwickelten CT-Kopf mit Bremsstrahlungstarget kombiniert. Für den CT-Kopf wurde ein Konzept zur Anordnung der Komponenten entwickelt. Für die Erzeugung der Röntgenstrahlung wurde ein spezielles Mehrkomponenten-Target entwickelt, welches über zwei Brennfleckbahnen verfügt und in Verbindung mit dem schnellen Zwei-Ebenen-Detektorsystem die Aufnahme von Schnittbildpaaren ermöglicht. Aus den Daten lässt sich die Geschwindigkeit der dispersen Phase der Strömung mittels Kreuzkorrelation bestimmen. Der ROFEX erreicht eine räumliche Auflösung von 1,2 mm bei einer Bildrate von 1000 fps, sowie von rund 4 mm bei der maximalen Bildrate von 8000 fps .

Mit dem ROFEX-Scanner wurden an der thermohydraulischen Versuchsanlage TOPFLOW des HZDR umfangreiche Messungen an Gas/Wasser- und Dampf/Wasser-Strömungen vorgenommen. In einer Kooperation mit der Universität Paderborn gelang die zeitlich hochaufgelöste Vermessung der Strömung in einer Trennkolonne. In einem Verbundprojekt wurden mit dem ROFEX-Scanner Untersuchungen zu Siedephänomenen in Brennstabbündelgeometrien erfolgreich durchgeführt.

Im Rahmen dieser Arbeit wurde daher ein neuartiges Bildgebungsverfahren entwickelt, welches die Struktur mehrphasiger Strömungen sowohl zeitlich als auch räumlich hochaufgelöst, bildgebend und frei von Rückwirkungen auf die Strömung abbilden kann. Damit wird ein großer Fortschritt bei der Gewinnung einer Datenbasis für die Entwicklung mathematischer Modelle für Zweiphasenströmungen erreicht.

Es wurde die prinzipielle Anwendbarkeit der Elektronenstrahl-Röntgencomputertomografie für Strömungsuntersuchungen gezeigt. Dazu wird ein freier Elektronenstrahl aus einem Axialelektronenstrahlerzeuger benutzt, um, elektromagnetisch abgelenkt, auf einem teilkreisförmigen Metalltarget einen wandernden Röntgenbrennfleck zu erzeugen. Die entstehende Röntgenstrahlung durchdringt das im Zentrum des Targets befindliche Objekt aus verschiedenen Richtungen. Die durch das Objekt geschwächte Strahlung wird von einem Detektor gemessen. Während eines Umlaufs des Röntgenbrennflecks um das Objekt wird so ein Datensatz von Projektionen des Objekts aufgenommen. Aus den Projektionsdaten wird ein überlagerungsfreies Schnittbild der Objektstruktur rekonstruiert. Der neu entwickelte Röntgentomograf ROFEX erreicht Bildraten von maximal 8000 fps. Die Ortsauflösung hängt vom absoluten Schwächungsverhalten des Objekts, von den Dichteunterschieden der abzubildenden Phasen und von der Bildrate ab. Sie erreicht maximal 1 mm bei 1000 fps und einem SNR von 14 db. Abweichungen in der Linearität der rekonstruierten Schwächungswerte liegen unter 5%. Mit dem ROFEX-Scanner wurden verschiedene Strömungsuntersuchungen durchgeführt. So zum Beispiel die Messung der Strömungsevolution in einer Luft-Wasser-Strömung im senkrechten Testrohr der TOPFLOW-Versuchsanlage. Ferner konnte die Flüssigkeitsverteilung in einer Trennkolonne zeitlich und räumlich hochaufgelöst untersucht werden und die Dampf-Wasser-Strömung im Unterkanal eines Brennstabbündels hochdynamisch bildgebend gemessen werden. Schließlich wurde der ROFEX auf eine Zweiebenentomografie mittels zweier Targetbahnen und Detektorringe erweitert und erfolgreich Geschwindigkeiten der dispersen Phase in Gas-Flüssigkeits- sowie in Gas-Festpartikel-Strömungen mit Hilfe der Kreuzkorrelation bestimmt werden. Es wurde gezeigt, dass das Problem des Axialversatzes zwischen der Röntgenbrennfleckebene und der Detektorringebene durch ein durchstrahlbares Target zu überwinden ist. Hierzu wurde ein Patent eingereicht und erteilt.

Ausblick

Axialversatzfreies CT-System

Beim Elektronenstrahl-Röntgentomographen ROFEX handelt es sich um ein CT-System mit Axialversatz. Das bedeutet, dass die Ebene der Röntgenbrennfleckbahn und die Ebene der Detektoren zueinander in axialer Richtung (senkrecht zur Bildebene) leicht versetzt angeordnet sind. Dies ist notwendig, da sich Target und innenliegender Detektor andernfalls gegenseitig abschatten würden. Da der ROFEX mit einem feststehenden, den Vollkreis umschließenden Detektorring arbeitet, findet sich keine Möglichkeit die Röntgenstrahlung in derselben Ebene an den Pixeln vorbei zu senden. Eine solche Anordnung leidet unter Axialversatzartefakten (Abschnitt 3.3). Am ROFEX wurden bereits Analysen durchgeführt, die die Ausprägung von Artefakten durch den Axialversatz untersuchen [76]. Es konnte gezeigt werden, dass zumindest für den Anwendungsfall der Messung von Rohrströmungen an der vertikalen Teststrecke der TOPFLOW-Anlage bei Blasengrößen im Bereich der Auflösungsgrenze bei dieser Anwendung (~2 mm) keine Axialversatzartefakte auftreten. Gleichwohl kommt es bei Messungen größerer Objektdurchmesser oberhalb von 70 mm zu Axialversatzartefakten, insbesondere bei kleinen Strukturen im Randbereich. Dieses Problem lässt sich nur lösen, indem das Röntgentarget innerhalb des Detektorrings angeordnet wird und selbst für die Röntgenstrahlung durchlässig ist (Abbildung 7.1).

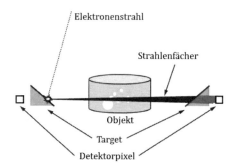

Abbildung 7.1 Anordnung für ein axialversatzfreies CT. Der vom Elektronenstrahl auf der einen Seite des Targets erzeugte Strahlenfächer durchdringt das Objekt und das Target auf der gegenüberliegenden Seite, bevor er den Detektor trifft. Zwischen Target- und Detektorebenen besteht kein Axialversatz.

Bei dieser Anordnung kann die Röntgenstrahlung aus dem Brennfleck, die das Objekt von einer Seite durchdringt, danach das Target passieren und vom dahinterliegenden Detektor erfasst werden. Erreicht wird dies indem der Grundkörper des Targets aus einem Material geringer Dichte besteht (Durchlässigkeit für Röntgenstrahlung) und auf diesen Grundkörper eine sehr dünne Schicht Metalls hoher Dichte zur Röntgenkonversion, (z.B. Wolfram) aufgebracht wird. Die Dicke dieser Schicht liegt im Bereich der Eindringtiefe des Elektronenstrahls in dieses Material und beträgt einige Mikrometer. Im Rahmen der Dissertation wurde dazu ein Patent eingereicht und erteilt [P1]. Die praktische Anwendbarkeit wurde in methodischen Studien [45] nachgewiesen. Der Intensitätsverlust an

Röntgenstrahlung durch das zusätzlich notwendige Durchdringen des Targetgrundkörpers sowie der vor dem Detektor befindlichen Wolframschicht wurde vermessen und liegt in der Größenordnung von 40%. Er lässt sich durch eine Erhöhung des Strahlstroms kompensieren. Der Targetkörper erzeugt direkt vor dem Detektor einen hohen Streustrahlungspegel. Hier ist ein geeigneter Kollimator notwendig.

Eigenständigkeitserklärung

Mit dieser Erklärung bezeuge ich an Eides statt, die hier vorgelegte Dissertation selbständig verfasst und keine anderen als die in dieser Arbeit aufgeführten Hilfsmittel und Quellen verwendet zu haben. Die Dissertation wurde am Institut für Fluiddynamik am Helmholtz-Zentrum Dresden-Rossendorf unter der wissenschaftlichen Betreuung von Prof. Dr.-Ing. habil. Uwe Hampel angefertigt.
Die Arbeit wurde weder in dieser noch in ähnlicher Form an einer anderen Stelle zum Zwecke eines Promotions- oder Prüfungsverfahrens eingereicht. Es hat zudem kein erfolgloser Promotionsversuch stattgefunden.

Frank Barthel
Dresden, 08.06.2015

Publikationen/Patente

Im Rahmen dieser Dissertation entstanden die folgenden Publikationen.

Journalpublikationen

[1] **Fischer; F.**; Hoppe, D.; Schleicher, E.; Mattausch, G.; Flaske, H.; Bartel, R.; Hampel, U. An ultrafast electron beam x-ray tomography scanner. Measurement Science and Techno-logy 19(2008), 094002

[2] **Fischer, F.**; Hampel, U. Ultrafast electron beam X-ray computed tomography for two-phase flow measurement. Nucl. Eng. Des.(2009), doi:10.1016

[3] Bieberle, M.; Hampel, U.; **Barthel, F.**; Menz, H.-J.; Mayer, H.-G. Ultrafast three-dimensional X-ray computed tomography. Applied Physics Letters 98(2011), 034101

[4] Stürzel, T.; Bieberle, M.; Laurien, E.; Hampel, U.; **Barthel, F.**; Menz, H.-J.; Mayer, H.-G. Experimental facility for two- and three-dimensional ultrafast electron beam X-ray computed tomography. Review of Scientific Instruments 82(2011), 023702

[5] Hampel, U.; **Barthel, F.**; Bieberle, M.; Sturzel, T. Transparent target for ultrafast electron beam tomography. Nuclear Instruments and Methods in Physics Research A 635(2011)1, 8-12

[6] Hampel, U.; Schubert, M.; **Barthel, F**. Schnelle tomographische Bildgebungsverfahren für Mehrphasenströmungen. Technisches Messen 78(2011)12, 579-588

[7] Schubert, M.; Bieberle, A.; **Barthel, F.**; Boden, S.; Hampel, U. Advanced tomographic techniques for flow imaging in columns with flow distribution packings. Chemie Ingenieur Technik 83(2011)7, 979-991

[8] Bieberle, M.; **Barthel, F.**; Hampel, U. Ultrafast X-ray computed tomography for the analysis of gas-solid fluidized beds. Chemical Engineering Journal 189-190(2012), 356-363

[9] **Barthel, F.**; Franz, R.; and Hampel, U. Experimental investigations of single and two-phase flow in a heated rod bundle. Kerntechnik: Vol. 78, No. 1(2013), pp. 60-67

[10] Zhang, Z.; Bieberle, M.; **Barthel, F.**; Szalinski, L.; Hampel, U. Investigation of upward cocurrent gas-liquid pipe flow using ultrafast X-ray tomography and wire-mesh sensor. Flow Measurement and Instrumentation 32(2013), 111-118

[11] Hampel, U.; Krepper, E.; Lucas, D.; Beyer, M.; Szalinski, L.; Banowski, M.; **Barthel, F.**; Hoppe, D.; Bieberle, A.; Barth, T. High-resolution two-phase flow measurement techniques for the generation of experimental data for CFD code qualification. Kerntechnik 78(2013)1, 9-15

[12]   Janzen, A.; Schubert, M.; **Barthel, F.**; Hampel, U.; Kenig, E. Y. Investigation of dynamic liquid distribution and hold-up in structured packings using ultrafast electron beam X-ray tomography. Chemical Engineering and Processing: Process Intensification 66(2013), 20-26

[13]   **Barthel, F.**; Franz R.; Hampel U. Non-Invasive Two Phase Pipe Flow Imaging Using Ultrafast Electron Beam X-ray Tomography. Nuclear Engineering and Design(2014)

[14]   Verma, V.; Padding, J. T.; Deen, N. G.; Kuipers, J. A. M.; Bieberle, M.; **Barthel, F.**; Wagner, M.; Hampel, U. Bubble dynamics in a 3-D gas-solid fluidized bed using ultrafast electron beam X-ray tomography and two-fluid model. AIChE Journal 60(2014)5, 1632-1644

[15]   Donis Gonzalez, I. R.; Guyer, D. E.; Pease, A.; **Barthel, F.** Internal characterisation of fresh agricultural products using traditional and ultrafast electron beam X-ray computed tomography imaging. Biosystems Engineering 117(2014)1, 104-113

[16]   Wagner, M.; **Barthel, F.**; Zalucky, J.; Bieberle, M.; Hampel, U. Scatter analysis and correction for ultrafast X-ray tomography. Philosophical Transactions of the Royal Society (2015), A373:20140396

[17]   **Barthel, F.**; Bieberle, M.; Hoppe, D.; Banowski, M.; Hampel, U. Velocity measurement for two-phase flows based on ultrafast X-ray tomography, Flow Measurement and Instrumentation, special issue on IWPT5, DOI:10.1016 (2015)

Tagungsbeiträge

[1]   Fischer, F.; Hoppe, D.; Bieberle, M.; Schleicher, E.; Hampel, U.; Mattausch, G.; Flaske, H.; Bartel, R. Development of an ultra-fast scanned electron beam X-ray CT, 5th World Congress on Industrial Process Tomography, 03.-06.09.07, Bergen, Norway

[2]   Fischer, F.; Hampel, U. Ultrafast electron beam X-ray computed tomography for two-phase flow measurement, XCFD4NRS - Experiments and CFD Code Applications to Nuclear Reactor Safety, 10.-12.09.2008, Grenoble, France

[3]   Fischer, F.; Hampel, U. Study of gas-liquid two-phase flow in pipes with ultrafast electron beam X-ray CT, 6th World Congress of Industrial Process Tomography, 06.-09.09.2010, Peking, China

[4]   Barthel, F.; Hoppe, D.; Szalinski, L.; Beyer, M.; Hampel, U. Ultrafast electron beam X-ray CT for two phase flow phenomena - NURETH-14, 14th International Topical Meeting on Nuclear Reactor Thermalhydraulics, 25.-29.09.2011, Toronto, Canada

[5]   Barthel, F.; Franz, R.; Krepper, E.; Hampel, U., Experimental Studies On Sub-Cooled Boiling In A 3x3 Rod Bundle, CFD4NRS-4, 10.-12.09.2012, Daejeon, Korea

[6]   Barthel, F.; Hoppe, D.; Hampel, U. Velocity Measurement Using ROFEX Ultrafast Dual Plane X-ray CT Imaging, 6th International Symposium on Process Tomography, 26.-28.03.2012, Cape Town, South Africa

[7]   Barthel, F.; Franz, R.; Hampel, U. Visualisation of boiling processes in a 3x3 rod bundle using ultrafast X-ray tomography, 7th World Congress on Industrial Process Tomography - WCIPT7, 02.-05.09.2013, Kraukow, Poland

[8]   Barthel F.; Bieberle M.; Hoppe D.; Banowski M.; Hampel U. Methods for extraction of velocity information from ultrafast X-ray tomography, International Workshop on Process Tomography - IWPT5, 16.-18.09. 2014, Jeju, Korea

Patente

[P1]   Anordnung zur Röntgentomographie, DE102007008349A1 - 21.08.2008, DE 102007008349B4, 15.10.2009

[P2]   Anordnung zur schnellen Elektronenstrahl-Röntgencomputertomografie, DE102013206252A1, Offenlegung - 09.10.2014

Quellenverzeichnis

[1]   Huhn, J.; Wolf, J. Zweiphasenströmung gasförmig/flüssig. Fachbuchverlag Leipzig, 1975

[2]   Miyahara, T.; Hamaguchi, M.; Sukeda, Y.; Takahashi, T. Size of bubbles and liquid circulation in a bubble column with a draught tube and a sieve plate. Canadian Journal of Chemical Engineering Vol. 64, pp. 718 - 725, 1986.

[3]   Lage, P. L. C.; Esplosito, R. O. Experimental determination of bubble size distributions in bubble columns: Prediction of mean bubble diameter and gas hold up. Powder Technology Vol. 101, pp. 142 - 150, 1999.

[4]   Reese, J.; Mudde, R. F.; Lee, D. J.; Fan, L. S. Analysis of multiphase systems through particle image velocimetry. American Institute of Chemical Engineers Symposium Series Vol. 92/310, pp. 161 - 167, 1996.

[5]   Murai,Y.; Song, X. Q.; Takagi, T.; Ishikawa, M.; Yamamoto, F.; Ohta, J. Inverse energy cascade structure of turbulence in a bubbly flow. PIV measurement and results. Japanese Society of Mechanical Engineers International Journal Series B, Fluids and Thermal Engineering Vol. 43/2, pp. 188 - 196, 2000.

[6]   Chaouki J.; Larachi, F.; Dudukovic, M. P. Noninvasive tomographic and velocimetric monitoring of multiphase flows. Industrial and Engineering   Chemistry Research Vol. 36, pp. 4476 - 4503, 1997.

[7]   Bauckhage   K.   Gleichzeitige   Erfassung   von   Partikelmerkmalen   und   mehrphasiger Strömungen   mit   Hilfe   der   Phasen-Doppler-Anemometrie.   Chemie-Ingenieur-Technik Vol. 68, pp. 253 - 266, 1996.

[8]   Boyer, C., Duquenne, A. M., Wild, G. Measuring techniques in gas-liquid and gas-liquid-solid reactors, Chemical Engineering Science Vol. 57, pp. 3185 - 3215, 2002

[9]   Böring, S.; Fischer, J.; Korte, T.; Sollinger, S.; Lübbert, A. Flow structure of the dispersed gas phase in real multiphase chemical reactors investigated by a new ultrasound-Doppler technique, Canadian Journal of Chemical Engineering Vol. 69, pp. 1247 - 1256, 1991.

[10]   Heindel, T. J. Gas flow regime changes in a bubble column filled with a fibre suspension, Canadian Journal of Chemical Engineering Vol. 78, pp. 1017 - 1022, 2000.

[11]   Smith, G. B.; Gamblin, B. R.; Newton, D. X-ray imaging of slurry bubble column reactors: The effects of systems pressure and scale. Transactions of the Institution of Chemical Engineers A: Chemical Engineering Research and Design Vol. 73,pp. 632 - 636, 1995.

[12]   Larachi, F.; Chaouki, J.; Kennedy, G. Three dimensional mapping of solids flow fields in multiphase reactors with RPT, American Institute of Chemical Engineers Journal Vol. 41, pp. 439 - 443, 1995.

[13]   Jones, O. C.; Delhaye, J. M. Transient and statistical measurement techniques for two-phase flows, International Journal of Multiphase Flow Vol. 3, p. 89, 1976.

[14]   Serizawa, A.; Kataoka, I.; Mishigoshi, I. Turbulence structure of air-water bubbly flow, International Journal of Multiphase Flow Vol. 2, pp. 221 - 259, 1975.

[15]   da Silva, M. J. Impedance Sensors for Fast Multiphase Flow Measurement and Imaging, Dissertationsschrift, TUD, 2008

[16]   da Silva, M. J.; Schleicher, E.; Hampel, U. A novel needle probe based on high-speed complex permittivity measurements for investigation of dynamic fluid flow, IEEE Transactions on Instrumentation and Measurement Vol. 56/4, pp. 1249 - 1256, 2007a.

[17]   Schäfer, T.; Schubert, M. and Hampel, U. Temperature Grid Sensor for the Measurement of Spatial Temperature Distributions at Object Surfaces, Sensors (Basel), 13(2): 1593–1602. 2013

[18]   Pirouzpanah, S. and Morrison, G. L. Temporal Gas Volume Fraction and Bubble Velocity Measurement Using an Impedance Needle Probe, Cavitation and Multiphase Flow; Fluid Measurements and Instrumentation, Microfluidics; Multiphase Flows, Volume 2, Incline Village, Nevada, USA, July 7–11, 2013

[19]   Prasser, H. M.; Böttger, A.; Zschau, J. A new electrode-mesh tomograph for gasliquid flow, Flow Measurement and Instrumentation Vol. 9, pp. 111 - 119, 1998.

[20]   Prasser, H. M.; Scholz, D.; Zippe, C. Bubble size measurement using wire-mesh sensor, Flow Measurement and Instrumentation Vol. 12/4, pp. 299 - 312, 2001.

[21]   da Silva M. J., E. Schleicher, U. Hampel, Capacitance wire-mesh sensor for fast measurement of phase fraction distributions, Measurement Science and Technology, Vol. 18/7, pp. 2245 - 2251, 2007b.

[22]   Lucas, D. et al., Abschlussbericht „TOPFLOW-Experimente, Modellentwicklung und Validierung von CFD-Codes für Wasser-Dampf-Strömungen mit Phasenübergang", Projektnummer 150 1329, 2011

[23]   Beyer, M.; Lucas, D.; Kussin, J. Quality check of wire-mesh sensor measurements in a vertical air/water flow, Flow Measurement and Instrumentation Vol.21, 2010

[24]   Wangjiraniran, W.; Aritomi, M.; Kikura, H.; Motegi, Y.; Prasser, H. M. A study of non-symmetric air water flow using wire mesh sensor Original Research Article Experimental Thermal and Fluid Science, Volume 29, Issue 3, March 2005, Pages 315-322

[25]   Parker D.J. et al., Positron Emission Particle Tracking - A technique for studying flow within engineering equipment., Nucl. Inst. Meth., A326:592–607, 1993.

[26]   Gladden, L. F. Nuclear magnetic resonance in chemical engineering: Principles and applications, Chemical Engineering Science Vol. 49, pp. 3339 - 3408, 1994.

[27]   Sharma, S.; Mantle, M. D.; Gladden, L. F.; Winterbottom, J. M. Determination of bed voidage using water substitution and 3D magnetic resonance imaging, bed density and pressure drop in packed-bed reactors, Chemical Engineering Science Vol. 56, pp. 587 - 593, 2001.

[28]   Hoyle, B. S.; Jia, X.; Podd, F. W.; Schlaberg, H. S.; West, R. M.; Williams, R. A.; Wang, M.; York, T. A. Design and application of a multimodal process tomography system, Measurement Science and Technology Vol. 12, pp. 1157 - 1165, 2007.

128

[29]   Wang, M.; Williams, R. A.; Beck, M. S. Impedance Sensors - Conducting systems, Process Tomography: Principals Techniques and Applications, Eds. Butterworth Heinemann, London, 1995.

[30]   Yang, W. Q. Hardware design of electrical capacitance tomography systems, Measurement Science and Technologies Vol. 7(3), pp. 225 - 232, 1997.

[31]   Peyton, A. J.; Borges, A. R.; Oliveira, J. de; Lyon, G. M.; Yu, Z. Z.; Brown, M. W.; Ferreira, J. Development of electromagnetic tomography (EMT) for industrial applications, Part 1: Sensor design and instrumentation, Buxton, Greater Manchester, 1st WCIPT, 14. - 17. April, pp. 306 - 312, 1999.

[32]   Schleicher, E.; da Silva, M. J.; Thiele, S.; Li, A.; Wollrab, E. and Hampel, U. Design of an optical tomograph for the investigation of single and two-phase pipe flows, Measure-ment Science and Technology 199, 094006, 2008

[33]   Bieberle, A. Räumlich hoch auflösende Computertomografie mit Gammastrahlung zur Untersuchung von Mehrphasenströmungen, Dissertationsschrift, TUD, 2008

[34]   Kumar, S. B.; Moslemian, D.; Dudukovic, M. P. A gamma-ray tomographic scanner for imaging voidage distribution in two-phase flow systems, Flow Measurement and Instrumentation Vol. 6, pp. 61 - 73, 1995.

[35]   Hristov, H.; Boden, S.; Hampel, U.; Kryk, H.; Hessel, G.; Schmidt, W. A study on the two-phase flow in a stirred tank reactor agitated by a gas inducing turbine, Engineering Research and Design Vol. 86/1, pp. 75 - 81, 2008.

[36]   Toye, D. Microstructure characterisation of nanocomposite polymeric foams by X-ray microtomography, ISIPT6, proceedings, #PO11, 2012

[37]   Boden, S. et al. Three-dimensional analysis of macroporosity distributions in polyolefin particles using X-ray microtomography, Powder Technology, Volume 188, p.81-88, 2008

[38]   Linuma, Tateno, Umegaki, and Watanabe, Proposed System for Ultrafast Computed Tomography, Jour. Computer Assisted Tomography, Vol. 1, No. 4, 1977, pp. 494-8.

[39]   Misawa, M.; Tiseanu, I.; Prasser, H. M.; Ichikawa, N. and Akai, M. Ultra-fast x-ray tomography for multi-phase flow interface dynamic studies, Kerntechnik 68 85-90. 2003

[40]   Hori, K. and Akai, M. Measurement of variation in void fraction distribution by the fast x-ray CT scanner Graph. Simul. Vis. Multiph. Flow 21 96–114, 1993

[41]   Frøystein, T. Flow imaging by gamma-ray Tomography: Data processing and reconstruction techniques, Frontiers in Industrial Process Tomography II, Delft, April 8 - 12, 1997.

[42]   Boyd, D. P.; Lipton, M. J. Cardiac computed tomography, Proc. IEEE 71 298-307. 1983,

[43]   Bieberle, M.; Fischer, F.; Schleicher, E.; Koch, D.; Aktay, K. S. D. C.; Menz, H. J.; Mayer, H. G.; Hampel, U. Ultrafast limited-angle type X-ray tomography, Appl. Phys. Lett. 91 123516, 2007

[44]   Hoppe, D.; Fietz, R.; Zippe, C.; Koch, D. Röntgentomographie mit Hilfe einer Elektronenstrahl-Schweißanlage, Bericht, Nov.2002

[45]   Stürzel, T., Bieberle, M.; Laurien, E.; Hampel, U.; Barthel, F.; Menz, H. J.; Mayer, H. G. Experimental facility for two- and three-dimensional ultrafast electron beam x-ray computed tomography, Review Of Scientific Instruments **82**, 023702, 2011

[46]   Hampel, U.; Hoppe, D.; Diele, K. H.; Fietz, J.; Höller, H.; Kernchen, R.; Prasser, H. M.; Zippe, C. Application of gamma tomography to the measurement of fluid distributions in a hydrodynamic coupling, Flow Measurement and Instrumentation Vol. 16, pp. 85 - 90, 2005.

[47]   Petzold, W.; Krieger, H. Strahlenphysik, Dosimetrie und Strahlenschutz, Band 1 und 2, 2. Auflage, Teubner Verlag, 1988

[48]   Braml, H. M. Entwicklung und Herstellung von photonenzählenden (Cd,Zn)Te-Pixel-Röntgendetektoren für die medizinische Bildgebung, Dissertationsschrift, Albert-Ludwigs-Universität Freiburg i. Br., 2006

[49]   Hamamatsu Photonics K. K. Datasheet APD Array S8550, 2006

[50]   Schieber, M.; James, R.; Schlessinger, T. Summary and Remaining Issues for Room Temperature Radiation Spectrometers. Semiconductors and Semimetals, Vol. 43, Academic Press, New York, 1975.

[51]   Del Sordo, S. et al. Progress in the Development of CdTe and CdZnTe Semiconductor Radiation Detectors for Astrophysical and Medical Applications, Sensors, 9, 3491-   3526, 2009

[52]   Gerrish, V. Semiconductors for Room Temperature Nuclear Detector Applications: Characterization and Quantification of Detector Performance. Semiconductors and Semimetals, Vol. 43, Academic Press, San Diego, 1995.

[53]   Greiffenberg, D. Charakterisierung von CdTe-Medipix2-Pixeldetektoren, Dissertations-schrift, Universität Freiberg, 2010

[54]   Del Sordo, S. et al., Progress in the Development of CdTe and CdZnTe Semiconductor Radiation Detectors for Astrophysical and Medical Applications, Sensors 2009, 3491-3526, ISSN 1424-8220

[55]   Hecht, K. Zum Mechanismus des lichtelektrischen Primärstroms in isolierenden Kristallen, Z. Phys., 77,235-245, 1932

[56]   Jahnke, A. and Matz, R. Signal formation and decay in CdTe x-ray detectors under intense irradiation, Medical Physics, Vol. 26, No. 1, 1999

[57]   Schulman, T. Si, CdTe and CdZnTe radiation detectors for imaging applications, Dissertationsschrift, Universität Helsinki, Finnland, 2006

[58]   Ricq, S.; Glasser, F.; Garcin, M. Study of CdTe and CdZnTe detectors for X-ray computed tomography, Nuclear Instruments and Methods in Physics Research A 458 534}543, 2001

[59]   Kalender, W.A. Computed Tomography, 3rd revised edition, Publics Publishing, ISBN 978-3-89578-317-3, 2011

[60]   Kak, A. C.; Slaney, M. Principles of Computerized Tomographic Imaging, IEEE Press, 1999

[61]   Hampel, U. Theorie der Computertomographischen Bildrekonstruktion, Vorlesungs- skriptum, TUD, 2006

130

[62]   Schiller, S.; Heisig, U.; Panzer, S. Elektronenstrahltechnologie, unveränderte Neuauflage, FhG, FEP, 1995

[63]   v.Dobeneck, D.; Löwer, T. Adam V., Elektronenstrahlschweissen, Verlag Moderne Industrie, ISBN 3-478-93262-9, 2001

[64]   Busch, H.; Brüche, E. Beiträge zur Elektronenoptik, Vorträge von der Physikertagung 1936, Johann Amprosius Barth Verlag, Leipzig, 1937

[65]   Fischer, Th.; Freyer, R. Röntgentechnik, Schriftenreihe Biomedizinische Technik, TUD, 2001

[66]   Böttger, R. Untersuchungen zur dynamischen Korrektur der Ablenkfehler des Elektronenstrahls einer Elektronenkanone zur Materialbearbeitung und Nutzung der Ergebnisse zur Optimierung des Temperaturzyklus bei der Farbstrukturierung dichroitischer Polarisationsgläser, Diplomarbeit, TUD, 2002

[67]   Lilienfeld, J. E. Die sichtbare Strahlung des Brennflecks von Röntgenröhren. In: Physikalische Zeitschrift. 20, Nr. 12, S. 280, 1919

[68]   Prasser, H. M.; Beyer, M.; Carl, H.; Manera, A.; Pietruske, H.; Schütz, P.; Weiß, F. P. The multipurpose thermal hydraulic test facility TOPFLOW: an overview on experimental capabilities, instrumentation and results. Kerntechnik 71, pp. 163-173, 2006

[69]   Hampel, U; Speck, M; Koch, D; Menz, H. J., Mayer, H. G., Fietz, J.; Hoppe, D.; Schleicher, E. and Prasser, H. M. Experimental ultrafast x-ray computed tomography with a linearly scanned electron beam source Flow Meas. Instrument. 16 65–72, 2005

[70]   Hornbogen, E. Werkstoffe, 3. überarbeitete Auflage, Springer Verlag, 1983

[71]   Morneburg, H. Bildgebende Systeme für die medizinische Diagnostik, 3. erweiterte Auflage, 1995

[72]   Eichler, C. Thermische Analyse von Röntgentargetgeometrien, Diplomarbeit, Hochschule für Technik und Wirtschaft Zittau/Görlitz, 2009

[73]   Dietz, H.; Geldner, E. Temperature distribution in X-ray rotating anodes. Part I, Physical principles. Siemens Forschungs-und Entwicklungs Berichte 7, 1978

[74]   Mearon, T. and Brennan, P. C. Anode heel affect in thoracic radiology: a visual grading analysis. Progress in biomedical optics and imaging, 7, 2006

[75]   Hampel, U.; Fischer, F. Application of CdTe and CZT detectors in ultrafast electron beam X-ray tomography, Vortrag HZDR, 2008

[76]   Hoppe, D. Praktische Untersuchung zur Auswirkung des Axialversatzes im ROFEX-Tomografen, Interne Berichte HZDR, 2012

[77]   Schörner, K., Goldammer, M.; Stephan, J. Streustrahlenmessung und -korrektur durch Beamhole-Array und Beamstop-Array

[78]   Brumbi, D. Bauelemente-Degradation durch radioaktive Strahlung und deren Konsequenzen für den Entwurf strahlenresistenter elektronischer Schaltungen, Dissertationsschrift, Ruhr Universität Bochum, 1990

[79]   Hoppe, D.; Grahn, A.; Schütz, P. Determination of velocity and angular displacement of bubbly flows by means of wire-mesh sensors and correlation analysis, Flow Measurement and Instrumentation 21 48_53, 2010

[80]   Beyer, M., Lucas, D.; Kussin, J.; Schütz, P. Luft-Wasser Experimente im vertikalen DN-200 Rohr, Bericht 504, 2008

[81]   Banowski, M. et al. Eignung der ultraschnellen Röntgentomographie zur   Untersuchung zweiphasiger Strömungen, Zwischenbericht FKZ 150 14 11, 2011

[82]   Lucas, D. et al. TOPFLOW-Experiments, development and validation of CFD models for steam-water flows with phase transfer, Final Report, No. 150 1329, 2011

[83]   Billet, R.; Schultes, M. Predicting mass transfer in packed columns, Chem Eng Technol 16, 1-9, 1993

[84]   Janzen, A.; Schubert, M.; Barthel, F.; Hampel, U.; Kenig, E. Y. Investigation of dynamic liquid distribution and holdup in structured packings using ultrafast electron beam X-ray tomography, Chemical engineering and processing, 2012

[85]   BMBF 2009, Bundesministerium für Bildung und Forschung, „Entwicklung von CFD-Modellen für Wandsieden und Entwicklung hochauflösender, schneller Röntgentomographie für die Analyse von Zweiphasenströmungen in Brennstabbündeln" Förderkennzeichen: 02NUK010A, Laufzeit: 01.08.2009 bis 31.01.2013

[86]   Tabelle von Massenschwächungskoeffizienten, National Institute of Standards and Technology; http://physics.nist.gov/PhysRefData/XrayMassCoef/tab3.html

[87]   Vogt, H. G.; Schultz, H. Grundzüge des praktischen Strahlenschutzes, 4. aktualisierte Auflage, Hanser Verlag, 2007

[88]   Banowski, M.; Lucas, D.; Hoppe, D.; Beyer, M.; Szalinski, L.; Hampel, U. Segmentation of ultrafast x-ray tomographed gas-liquid flows in a vertical pipe at different flow regimes. WCIPT7, Krakow, Poland. 2013.

[89]   Barthel, F. et al. Velocity measurement for two-phase flows based on ultrafast X-ray tomography, Flow Measurement Instrumentation, special issue of IWPT5, DOI:10.1016, 2015.

[90]   Kotter, E.; Langer, M. Digital radiography with large-area flat panel detectors. Eur. Radiol., Vol. 12, S. 2562-2570, Springer-Verlag, 2002.

[91]   Nitsche, W.; Brunn, A. Strömungsmesstechnik. 2. aktualisierte und bearbeitete Auflage, Springer-Verlag, 2006.

Anhang

A1   Abschätzung des erreichbaren Fotostroms am Detektor

Der Fotostrom kann durch Integration der jeweiligen Photonenanzahl *n(E)* der Energien *E* im Bremsstrahlungsspektrum und Division durch die Bandgap-Energie E_{Gap} des CdTe-Pixels mit der Formel

$$i_F = \frac{\int E \cdot n(E)}{E_{Gap} \cdot G} \cdot e \cdot dE \qquad (A1.1)$$

berechnet werden. *e* ist die Ruheenergie des Elektrons, G bezeichnet einen Geometriefaktor der den Messaufbau berücksichtigt. Das gemessen Spektrum in Abbildung A1.1 liefert die Zählraten n(E) als cpc (counts per second) für die Energien im Spektrum.

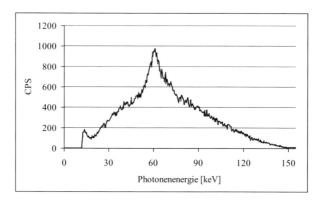

Der Wert des Integrals wird zu rund $8 \cdot 10^6$ eV/s ermittelt. Die Bandlücke von CdTe beträgt 4,43 eV. Die Elementarladung des Elektrons beträgt $1,6 \cdot 10^{-19}$ As. Das Bremsstrahlungsspektrum wird in den Halbraum über dem Target emittiert. Der Detektor des MCA hat bei der Messung aus dieser Kugelfläche mit dem Radius=Abstand zum Target seine sensitive Fläche von 10x10 mm ausgeblendet. Der Faktor G errechnet sich daher zu

$$G = \frac{A_{Det}}{2 \cdot \pi \cdot r^2}, \qquad (A1.2)$$

wobei r der Abstand Target-Detektor = 200 mm ist. Es folgt

$$G = \frac{100 mm^2}{2 \cdot \pi \cdot 40000 mm^2} = 4 \cdot 10^{-4}.$$

Der Fotostrom ergibt sich dann aus A1.1 zu

$$i_F = \frac{8 \cdot 10^6 \, eV/s}{4,43 eV \cdot 4 \cdot 10^{-4}} \cdot 1,6 \cdot 10^{-19} \, As = 2,88 \cdot 10^{-9} \, A = 2,8 nA$$

A2 Berechnung des Signalunterschieds des Zentralstrahls im Objekt zur Abschätzung der Diskretisierungstiefe des Detektors

Für die Wahl der Diskretisierungstiefe des Detektors ist es notwendig, den minimalen Schwächungsunterschied am Detektor abzuschätzen, der noch aufgelöst werden soll. Dazu muss die Intensität am Detektor nach Durchlaufen des Objekts, abhängig von Materialien (M) und von der Energie der Strahlung (E) berechnet werden. Für diese Intensität $I_{Det}(E,M)$ gilt:

$$I_{Det}(E, M) = \sum_{i=1}^{n} \int I_0(E) \cdot e^{-\left(\frac{\mu_i}{\rho_i}(E)\right)\rho_i \cdot d_i} dE , \qquad (A2.1)$$

wobei die Materialanteile im Index i berücksichtigt sind. $I_0(E)$ sind die energieaufgelösten Intensitätswerte aus dem gemessenen Spektrum bei 3.2.2. $\mu_i(E)$ sind die jeweiligen Massenschwächungskoeffizienten, energieaufgelöst. Die Werte dafür sind [86] entnommen, bzw. aus den Tabellen interpoliert. Ich habe zur Berechnung ein Programm erstellt, da die Berechnung mit den energieaufgelösten Schwächungskoeffizienten mühsam ist. Für den Zentralstrahl mit 1,5 mm Luftblase ergeben sich daraus für das Beispiel folgende Intensitätswerte. Die mittlere effektive Energie ist ein Maß für die zunehmende Aufhärtung des Spektrums:

Material	Weglänge [mm]	Intensität [%]	mittl.eff.Energie [keV]
leerer Objektraum	-	100%	76,6
Titan	1,6	64,7	82,4
Wasser	45	28,3	85
Luft	1,5	28,3	85
Wasser	8,3	24,1	85,8
Titan	1,6	16,06	89,4

Die Berechnung ohne die Luftblase liefert:

Material	Weglänge [mm]	Intensität [%]	mittl.eff.Energie [keV]
leerer Objektraum	-	100%	76,6
Titan	1,6	64,7	82,4
Wasser	54,8	23,7	85,5
Titan	1,6	15,6	89,4

Der Schwächungsunterschied beträgt damit 16,06 %-15,6 %=0,46 %. Um diesen bei der Diskretisierung unterschieden zu können sind formal 10 bit (1024 Stufen) nötig.

Danksagung

An dieser Stelle möchte ich allen danken, die diese Dissertation möglich gemacht haben.

Zuallererst danke ich meinem Doktorvater Prof. Dr.-Ing. habil. Uwe Hampel für die Möglichkeit der Promotion am Institut für Fluiddynamik des HZDR, für seine fachliche und menschliche Betreuung, seinen permanenten Ansporn, und seine geduldige Supervision.

Frau Prof. Dr.-Ing. habil. Olfa Kanoun danke ich für die Erstellung des Zweitgutachtens.

Besonderer Dank gilt Herrn Eckard Schleicher, der ein ums andere Mal durch konstruktive Kritik wesentliche Impulse zum Gelingen meiner Arbeit beitrug und der mich bisweilen neu motivierte und aufrichtete.

Des Weiteren danke ich den Kollegen U. Sprewitz, M. Tschofen, M. Bieberle, M. Wagner und D. Hoppe für die mannigfaltige Unterstützung und die teils kontroversen fachlichen Diskussionen während meiner Promotionszeit. Ebenso danke ich den Studenten U. Härting, C. Eichler, D. Windisch und T. Mögel für ihre Arbeiten und die Möglichkeit, mich bei deren Betreuung weitergebildet zu haben.

Großen Anteil am Gelingen dieser Arbeit hat auch meine Frau Julia Barthel, die mir den Rücken freigehalten, Korrektur gelesen und meine zeitweilige Dünnhäutigkeit mit stoischer Gelassenheit ertragen hat.

Schließlich danke ich meinen Eltern, die in jeglicher Hinsicht die Basis für meine Entwicklung gelegt haben.

Frank Barthel